U0286402

·高等学校系列教材·

绿色低碳混凝土

蒋金洋　主　编

林均霖　王凤娟　眭世玉　副主编

中国建筑工业出版社

图书在版编目（CIP）数据

绿色低碳混凝土 / 蒋金洋主编；林均霖，王凤娟，眭世玉副主编. -- 北京：中国建筑工业出版社，2024. 12. --（高等学校系列教材）. -- ISBN 978-7-112 -30714-2

Ⅰ. TU755

中国国家版本馆CIP数据核字第202425M9D6号

责任编辑：沈文帅　张伯熙
责任校对：张惠雯

本书以我国"双碳"政策体系作为核心指导思想，旨在全面解读混凝土全生命周期的绿色低碳技术和应用，引导读者形成绿色的设计和生产模式，以适应未来混凝土产业的发展趋势。全书共7章内容包括：概述；原材料绿色低碳化；低碳生产技术；低碳混凝土体系制备与绿色设计；混凝土耐久性与服役寿命；混凝土的重生；绿色低碳混凝土"数字化"。

本书可作为高校建筑材料专业教材及相关从业人员的指导用书。

高等学校系列教材

绿色低碳混凝土

蒋金洋　主　编

林均霖　王凤娟　眭世玉　副主编

*

中国建筑工业出版社出版、发行（北京海淀三里河路9号）

各地新华书店、建筑书店经销

北京鸿文瀚海文化传媒有限公司制版

建工社（河北）印刷有限公司印刷

*

开本：787毫米×1092毫米　1/16　印张：10　字数：248千字
2024年12月第一版　　2024年12月第一次印刷
定价：**48.00**元（赠教师课件）
ISBN 978-7-112-30714-2
（43890）

编写委员会

主　　编：蒋金洋

副 主 编：林均霖　王凤娟　眭世玉

参编人员：孙国文　刘志勇　许文祥　芦泽宇　张嘉文

　　　　　王立国　冯滔滔　张　宇　王赟程　辛忠毅

　　　　　刘　懿　杨梦盈　段玉梅　张源浩

前言

　　混凝土是当今世界上使用量最大、应用范围最广的建筑材料，没有之一。在现代化建设中，我国被称为"基建狂魔"，其中混凝土起着至关重要的作用。"十四五"发展时期，党中央、国务院颁布了一系列关于做好碳达峰碳中和工作的重要文件，"低碳混凝土"赫然在列，这意味着混凝土将在我国"双碳"进程中扮演着重要角色，肩负着艰巨的任务和光荣的使命。住房和城乡建设部将绿色建材定义为"在全生命周期内可减少对天然资源消耗和减轻对生态环境影响，具有'节能、减排、安全、便利和可循环'特征的建材产品"，同时提出加大高性能混凝土的研发投入和集成应用，正式将高性能作为绿色建材的发展要求。

　　然而，传统的混凝土体系碳排放量大、能源消耗高、耐久性能差、循环利用率低，与"绿色、低碳"发展理念背道而驰。如今，在全球绿色低碳可持续发展的时代潮流中，混凝土行业正处于千载难逢的升维风口。当前关于绿色低碳混凝土的教学资源还相当有限，这使得很多学生和从业者在理论学习和实践中面临困扰，无法得到全面和深入的认知。鉴于此，《绿色低碳混凝土》一书应运而生。

　　本书以我国"双碳"政策体系作为核心指导思想，旨在全面解读混凝土全生命周期的绿色低碳技术和应用，并且根据高等院校人才培养特点，试图引导学生形成绿色的设计和生产模式，以适应未来混凝土产业的发展趋势。

　　全书共分为七个章节。第1章概述部分是对"绿色低碳混凝土"的破题，明确绿色低碳对于混凝土的内涵；第2章至第6章围绕混凝土全生命周期，从原材料选择、生产全流程、设计与制备、服役性能到最终处置这五个阶段，详述混凝土如何从传统体系朝着绿色低碳化发展，并系统设计每章学习目标、思考习题和思政教育内容。第7章基于新兴的数字化进程，介绍数字化如何应用并推动混凝土的绿色低碳发展，并讨论可能的挑战和解决策略，以此勾勒出一个绿色、低碳、数字、可持续的混凝土行业的愿景。

本书在编写过程中，参考了大量专家学者的相关著作、国内外最新的学术进展和企业的升级案例，对此，我们表示衷心的感谢。同时感谢中国建筑出版传媒有限公司对本书出版的大力支持。我们希望此教材能够为推动混凝土行业朝绿色低碳发展贡献绵薄之力。由于编者笔力有限，书中不足之处，敬请广大读者批评指正。

　　本书配有教学用课件（PPT），可通过发送邮件至邮箱421405972@99.com获取。

目录

第5章　混凝土耐久性与服役寿命　/ 084

参考答案 / 141

第1章 概述

◆ 1.1 何为绿色低碳?

绿色低碳是一种全球性的社会发展理念,它代表了对环境和资源的关切,是对气候变化和可持续发展挑战的积极响应。这一理念的根本目标在于通过创新、技术应用和社会变革等全方面举措,实现一种可持续和环保的综合性生产和生活方式,以最大限度地减缓对地球生态系统的不可逆破坏,促进社会经济的健康发展。

在绿色低碳的理念中,"绿色"不仅仅是一种颜色,更是对生态平衡的追求。它涵盖了对自然环境的尊重、对生态系统的保护,以及对地球可持续发展的责任。绿色的本质在于通过推动技术创新、改善生产和消费方式,实现对自然资源的有效管理,既能满足人类的需求,同时追求对自然资源和生态系统的最小化损害,从而维护地球的生态平衡。

"低碳"强调减少碳排放,降低对气候变化的贡献。这体现在降低能源消耗、采用清洁能源、改善生产和消费方式等多个方面。低碳经济意味着以更高效、更环保的方式获取和使用资源,从而实现可持续经济增长。

绿色低碳通过减少对有限资源的依赖,推动循环经济,呼吁人们转变生产和消费方式,构建一个更加可持续和环保的未来。

◆ 1.2 为何绿色低碳?

在当今社会,绿色低碳被视为迈向可持续未来的引导原则,其重要性体现在多个层面。

1)应对气候变化威胁:当前全球范围内普遍存在气候变化威胁着地球的生态平衡。温室气体排放导致的全球气温上升、极端天气事件频发等现象使得社会对减缓气候变化的需求更为迫切。通过绿色低碳,我们有望减少温室气体的排放,降低灾害风险,创造更加宜居的环境。

2)降低资源枯竭风险:传统能源的过度开采使得自然资源消耗迅速,对地球的生态平衡产生了极大的压力。绿色低碳的选择意味着更加有效地利用和保护自然资源,降低对环境的破坏。

3)实现能源供应安全:通过推动绿色低碳,多元化能源的兴起可以有效减少对传统能源的过度依赖,能够消减许多国家对地缘政治风险和资源供应的不稳定性的担忧,提高国家的能源安全水平。

4)创造洁净生活环境:在工业化和城市化进程中,大量的污染物排放引发了空气、水体和土壤的污染，威胁到生态系统和人类健康。通过采用绿色低碳技术和生产方式，可以减少对环境的污染，创造更洁净的生活环境。

5）推动经济持续发展：传统产业和消费模式过度依赖非可再生资源，清洁技术和可再生能源的兴起不仅意味着更为环保的生产方式，同时可以激发新的增长点，催生新兴产业，促使产业升级，创造更多的就业机会。

6）肩负社会发展责任：通过选择绿色低碳，企业和个人不仅能够为社会和环境做出贡献，还能够提升自身的社会形象。同时，作为地球的居民，我们有责任确保我们的行为不会对环境产生不可逆转的破坏，绿色低碳是对我们自身和整个地球社群的一种负责任的回应。

总体而言，选择绿色低碳是对当前时代和未来时代的共同责任的认知，是为了创造更为可持续、健康和繁荣的未来。通过转向绿色低碳，社会可以更好地平衡经济发展、环境保护和社会公正，实现全球可持续发展的目标。

◆ 1.3 如何绿色低碳？

绿色低碳的核心是可持续发展，强调经济、社会和环境的平衡，通过追求一种发展方式，既能满足当前的需求，又能保护和维护生态系统，确保未来的发展。实现绿色低碳需要多层面的努力，不仅仅局限于技术创新，还包括社会、政治和文化层面的变革，它促使各个领域寻找更加环保、高效的解决方案，推动产业结构的升级和消费习惯的改变，引领社会向更持续、更智慧的方向发展。

2016年《巴黎协定》的签署是全球范围内各国政府朝着绿色低碳发展迈出的重要一步，旨在控制全球平均气温较工业化时期上升幅度控制在2℃以内，并努力争取将升温幅度控制在1.5℃。我国充分展现"负责任大国"担当，时任中国国务院副总理张高丽作为习近平主席特使出席签署仪式，积极推动《巴黎协定》的实施。

2020年9月22日，国家主席习近平在第75届联合国大会上庄严宣告，提出我国力争2030年实现"碳达峰"与2060年实现"碳中和"的目标，简称"双碳"。2021年10月24日，《中共中央 国务院关于完整准确全面贯彻新发展理念做好碳达峰碳中和工作的意见》（以下简称《意见》）和《国务院关于印发2030年前碳达峰行动方案的通知》（以下简称《方案》）两个重要文件正式发布，随后重点领域和行业陆续出台配套政策，共同构成我国"双碳"目标"1+N"政策体系。

《意见》明确：以习近平新时代中国特色社会主义思想为指导，全面贯彻党的十九大和十九届二中、三中、四中、五中全会精神，深入贯彻习近平生态文明思想，立足新发展阶段，贯彻新发展理念，构建新发展格局，坚持系统观念，处理好发展和减排、整体和局部、短期和中长期的关系，把碳达峰、碳中和纳入经济社会发展全局，以经济社会发展全面绿色转型为引领，以能源绿色低碳发展为关键，加快形成节约资源和保护环境的产业结构、生产方式、生活方式、空间格局，坚定不移走生态优先、绿色低碳的高质量发展道路，确保如期实现碳达峰、碳中和。《方案》指出：将碳达峰贯穿于经济社会发展全过程和各方面，重点实施能源绿色低碳转型行动、节能降碳增效行动、工业领域碳达峰行动、城乡建设碳达峰行动、交通运输绿色低碳行动、循环经济助力降碳行动、绿色低碳科技创新行动、碳汇能力巩固提升行动、绿色低碳全民行动、各地区梯次有序碳达峰行动"碳达峰十大行动"。

建材行业是国民生存与社会发展的重要基础和强力支撑。我国作为世界最大的建材生产国和消费国，建材行业是工业能源消耗和碳排放的重点领域之一，在响应"双碳"目标中扮演着重要的角色。在《方案》的工业领域碳达峰行动章节中，明确提到"推动建材行业碳达峰"。2022年11月，工业和信息化部、国家发展和改革委员会、生态环境部、住房和城乡建设部等四部门联合发布《建材行业碳达峰实施方案》（以下简称《实施方案》），提出"强化总量控制、推动原料替代、转换用能结构、加快技术创新、推进绿色制造"五项重点任务。

混凝土是使用量最大、应用范围最广的建筑材料，其中水泥是关键组成部分。水泥行业碳排放量约占建材行业碳排放总量的70%，是"双碳"工作推进的重点领域。《方案》中醒目地提到加快推进绿色建材产品认证和应用推广，加强新型胶凝材料、低碳混凝土、木竹建材等低碳建材产品研发应用，这是低碳混凝土概念的首次亮相。同时，《实施方案》中多次提及水泥混凝土行业，要求严格落实总产能维持在合理区间，加快低碳水泥新品种的推广应用，加大替代燃料利用比例和加快清洁绿色能源应用，加快水泥行业节能技术装备的创新和推广，强化企业全生命周期绿色管理，构建绿色建材产品体系。在住房和城乡建设部、工信部联合印发《绿色建材评价标识管理办法》中，绿色建材被定义为"在全生命周期内可减少对天然资源消耗和减轻对生态环境影响，具有'节能、减排、安全、便利和可循环'特征的建材产品"。另外，在住房和城乡建设部《"十四五"建筑节能与绿色建筑发展规划》中，提出加大高性能混凝土的研发投入和集成应用，正式将高性能作为绿色建材的发展要求。

现阶段，在我国"1+N"政策体系的引领下，水泥混凝土行业正进入高质量发展新阶段。然而，由于产业规模大、行业间发展良莠不齐等情况，实现绿色低碳仍任重道远，未来混凝土将何去何从？

◆ 1.4　绿色低碳混凝土是怎样"炼成的"

1.4.1　混凝土的前世今生

混凝土是一种人造的类似石头的建筑材料。1953年，蔡方荫院士巧妙地创造了"砼"这一个字，用于特指混凝土，"人、工、石"迅速在工程人员、学生中得到推广。1985年，我国文字改革委员会正式批准了"砼"与"混凝土"同义、并用的法定地位，"砼"成为我国工程专用字。

混凝土的英文单词concrete，来源于拉丁文concretus，意思是"共同生长"。混凝土最为简单的定义是：

混凝土＝填充料＋胶结料

其中填充料是天然颗粒状材料，也被称为骨料，如砂、石；胶结料用于填充骨料之间的空间，并将它们粘合在一起，也被称为胶凝材料，与水搅拌反应后，从可塑性浆体变为坚硬石状体。

混凝土的起源可以追溯到约公元前6500年，叙利亚人无意间通过煅烧石灰石岩石与砂子混合建造了简易的"混凝土"地板。在古埃及、古巴比伦、古罗马等的建筑中均能发现"混凝土"的身影。如古埃及人采用石膏和石灰砂浆作为胶结料用于法老胡夫金字塔的建造，古巴比伦主要采用黏土和天然沥青来建造砖石建筑。而古罗马人主要使用石灰、火山灰等原材料以及一些动物的脂肪、血浆来作为外加剂制备"混凝土"，这已与现代的混凝土概念极为接近，因此古罗马时期常常被认为真正意义上的混凝土起源。在公元前220年的我国秦朝，则是采用石灰配制成胶粘剂大规模建筑长城以防御匈奴，如今万里长城仍屹立不倒，是我国古代工程文化的杰出代表，成为世界建筑史上的奇迹。然而，古罗马的材料锻造技术于中世纪失传，水泥类建筑一度消失。直到18、19世纪，水泥的制备技术再次迎来春天，而英国人Joseph Aspdin发明的波特兰水泥，即硅酸盐水泥，经过上百年的发展，流传至今。工业革命推动了建筑工程和基础设施的大规模发展，混凝土开始大量用于桥梁、隧道等工程。20世纪，混凝土的科学性和技术性得到了巨大的提升，成为主流建筑材料。

混凝土作为一种复合材料，其成分也在不断迭代。当代对混凝土的定义也更为细致，是由胶凝材料、颗粒状集料（骨料）、水以及必要时加入的外加剂和掺合料按一定比例配制，经均匀搅拌、密实成型、养护硬化而成的一种人工石材。根据所用胶凝材料的不同，混凝土可以分为水泥混凝土、沥青混凝土、聚合物混凝土等，在混凝土制备过程中加入的外加剂和掺合料主要是为了改善混凝土性能，以满足工程建筑需求。其中，水泥是最为常用的胶结料，在现代建筑材料中，一般所称的混凝土便是指水泥混凝土。随着科技的不断进步，混凝土开始呈现百花齐放的局面。

1.4.2　传统混凝土"不绿色低碳"的一生

混凝土的全生命周期是指从原材料获取、生产、设计与制备、服役使用，一直到因结构失效而处置的整个过程。混凝土是我们现代化建筑世界的基石，但它的一生却在某种程度上背离了我们对绿色低碳的期望，据统计混凝土碳排放量约占全世界二氧化碳排放量的8%。

1）混凝土原材料选择

混凝土原材料可以分为用于制备胶凝材料的原材料和砂石骨料等天然原材料。以硅酸盐水泥混凝土为例，水泥的原材料主要是开采所得的石灰石和黏土等，而砂石骨料则需要通过开采河砂或者山体获得。这意味着对环境的破坏，而大规模的开采必然会导致整个阶段的不可持续性。

2）混凝土生产全流程

原材料选定后，便需要进行开采、运输、生产和加工，这是混凝土整个生命周期中最不绿色低碳的一环，涉及多个方面。首先，水泥产品的主要组分为氧化钙，来自石灰石等碳酸盐的煅烧分解，这一过程会释放大量的二氧化碳，根据反应方程式，每100g碳酸钙完全分解后产生44g二氧化碳。同时，高温煅烧需要将窑炉加热至1000℃以上，消耗大量能源，燃料的燃烧和电力的使用进一步增加了二氧化碳等温室气体的排放。此外，原材料的开采、运输、烘干、研磨等过程中不可避免地涉及能源消耗，而现阶段大功率设备所用的能源仍主要是化石燃料等。据计算，每生产1t水泥熟料排放0.8 ~ 1.2t二氧化碳。

3）混凝土体系设计与制备

混凝土设计与制备相当于"孕育"与"出生"阶段。传统的设计理念重点关注混凝土的性能，因此在体系设计中往往选用性能整体优异的硅酸盐水泥，而忽视了碳排放。尽管水泥一般占整个混凝土体系总量的10%～20%，但是碳排放量却占到75%以上。基于原材料"基因"，传统的水泥混凝土体系一出生便被打上了不低碳的烙印。另外，对新型混凝土体系的设计研究往往采用试错法，即需要大量试验数据进行多次比对，这一过程同样需要消耗原材料，使得整个设计方法并非绿色低碳。

4）混凝土服役使用

当混凝土体系配合比确认后，便进入工程应用的施工与服役阶段，这一阶段并非与绿色低碳毫不相干。无论是现浇混凝土还是预制混凝土，整个运输与施工过程中的建筑相关活动均会涉及碳排放，但在整个混凝土周期中占比较小。相比之下，混凝土服役阶段隐含的碳排放更大程度上取决于服役寿命。混凝土在使用阶段承受荷载和各种外部环境的影响，若是性能无法满足需求会提前产生损伤劣化，因而需要及时地维护和修复，导致额外的资源与能源消耗。

5）混凝土处置

在新建筑的施工过程中和旧建筑物达到寿命末期或需要拆除时，都会形成大量的混凝土废料，处置方式可以分为废弃处理或者再利用两种情况。传统的废弃处理方式是将拆除的混凝土废料作为建筑垃圾运至填埋场进行填埋或者运到洼地或山沟等郊外倾倒堆放，这无疑会对环境产生负面影响。根据相关报告保守估计，我国建筑垃圾量保持每年5%低速增长，预计到2026年建筑拆除中的垃圾将达到18亿t以上。

1.4.3　混凝土绿色低碳的未来

回顾混凝土的一生，如何使其摆脱"碳排放大户"标签，迈向绿色低碳的未来，我国的"1+N"政策体系已经指明了方向。与此同时，科研界与工业界针对混凝土全生命周期各个环节都开展了积极探索。

1）推动绿色低碳原材料

在保障水泥产品质量的前提下，探索使用非碳酸盐原料替代石灰石，既能减少对自然资源的过度依赖，又能降低原材料煅烧分解过程中二氧化碳的排放。

2）创新低碳生产技术

加快清洁绿色能源的应用来取代传统水泥生产中燃料的使用，研发新型节能降碳生产设备，推动碳捕集技术在水泥行业的普及。

3）设计低碳混凝土体系

推动研发高水泥熟料取代率的混凝土体系，同时加快提升固废利用水平，如采用粉煤灰、硅灰等工业生产副产品替代水泥占比，促进水泥减量化使用。

4）提升混凝土服役寿命

提高混凝土原材料产品质量和应用水平，加大高性能混凝土推广应用力度，延长混凝土使用寿命，减少对额外材料资源的需求。

5）强化混凝土资源再利用

强调循环经济原则，研发废弃混凝土"变废为宝"技术，最大限度地回收和再利用混凝土废料，实现混凝土材料的可持续发展。

通过在这五个关键阶段采取措施，推动混凝土行业朝着更为绿色和低碳的方向发展，实现我国"双碳"目标，助力构建一个更加可持续和环保的未来。

第2章　原材料绿色低碳化

◆ 学习目标

（1）熟练掌握混凝土原材料的基本组成和特点；掌握水泥的定义、六大通用水泥的特点和应用；了解骨料的分类。

（2）熟悉传统原材料的来源，了解原材料生产制备过程中的碳排放。

（3）掌握常用的绿色低碳原材料-矿物掺合料、低碳骨料和水等，熟悉粉煤灰、磨细矿渣、硅灰、偏高岭土超细粉、沸石粉、机制砂等材料的组成与作用。

（4）了解我国绿色低碳原材料的分布及利用前景。

◆ 2.1　混凝土传统原材料

水泥是最主要的胶凝材料，胶凝材料的水化硬化在粘结粗细骨料方面发挥着关键作用，决定了混凝土的整体性。水化产物不断填充粗细骨料等固相组分堆积后留下的空隙，与固相颗粒紧密粘结，形成致密的内部结构，从而不断提高混凝土的物理和力学性能。因此，混凝土内部结构的概念不仅包括水泥石的结构，即水化产物的类型、结晶状态、大小以及聚集形式等，还包括固相组分的堆积状态、孔结构及水泥石—骨料的界面等。混凝土原材料的性能以及配合比是决定混凝土内部结构和各项性能形成与发展的内在因素。为了生产高质量、经济的混凝土，使其同时满足强度、耐久性、工作性和经济性四方面的要求，首要的基本条件就是选择适宜的原材料（水泥、砂石骨料等）。其次是选择适宜的混凝土配合比和施工方法。原材料的选择是保证混凝土工程质量的基础和关键。

2.1.1　水泥

《通用硅酸盐水泥》GB 175—2023对通用硅酸盐水泥的定义为：以硅酸盐水泥熟料和适量的石膏及规定的混合材料制成的水硬性胶凝材料。通用硅酸盐水泥按混合材料的品种和掺量分为硅酸盐水泥、普通硅酸盐水泥、矿渣硅酸盐水泥、火山灰质硅酸盐水泥、粉煤灰硅酸盐水泥和复合硅酸盐水泥。

（1）硅酸盐水泥

所有由硅酸盐水泥熟料、质量分数在0～5%的石灰石或颗粒状高炉矿渣以及适量石膏经过精磨制成的水硬性胶凝材料，均被称为硅酸盐水泥（在国外通常称为波特兰水泥）。硅酸盐水泥可分为两类：未添加混合材料的为Ⅰ型硅酸盐水泥，代号为P·Ⅰ；掺入不超过水泥质量5%的石灰石粉或颗粒状高炉矿渣的为Ⅱ型硅酸盐水泥，代号为P·Ⅱ。

1）硅酸盐水泥的技术规定

为了确保水泥生产的质量并为用户提供便利，《通用硅酸盐水泥》GB 175—2023对硅酸盐水泥的技术性质进行了规范，硅酸盐水泥的技术性质见表2-1-1。

硅酸盐水泥的技术性质　　　　　表 2-1-1

技术性质	要求说明
凝结硬化快、早期及后期强度均较高	适用于有早期强度要求的工程，如冬期施工、预制、现浇等工程，以及高强度混凝土工程，如预应力钢筋混凝土、大坝溢流面部位混凝土
抗冻性好	适用于水工混凝土和对抗冻性要求高的工程
耐磨性好	适用于高速公路、道路和路面工程
抗碳化性好	水化后含有较多氢氧化钙，提高水泥石的碱度，强化对钢筋的保护作用，适用于空气中二氧化碳浓度较高的环境
水化热高	不宜用于大体积混凝土工程，若采用硅酸盐水泥配制大体积混凝土，需添加大量矿物掺合料。有利于低温季节蓄热法施工
耐热性差	含有高浓度的氢氧化钙，不适用于承受高温作用的混凝土工程

2）硅酸盐水泥的特性与应用

硅酸盐水泥具有凝结硬化迅速、早期和后期强度均较高的特点，适用于对强度有早期要求的工程，如冬期施工、预制和现浇等工程，以及对高强度混凝土有要求的工程，如预应力钢筋混凝土和大坝溢流面部位的混凝土。其良好的抗冻性使其适用于水工混凝土和对抗冻性要求高的工程。同时，硅酸盐水泥具有出色的耐磨性，适用于高速公路、道路和路面工程。其优异的抗碳化性适合于空气中二氧化碳浓度较高的环境。然而，由于水化后含有高浓度的氢氧化钙，硅酸盐水泥在承受高温作用的混凝土工程中的应用受到一定限制。

（2）普通硅酸盐水泥

普通硅酸盐水泥是由硅酸盐水泥熟料、质量分数在大于5%且不大于20%的活性混合材料，以及适量石膏磨细制成的水硬性胶凝材料，简称普硅水泥，代号为P·O。根据《通用硅酸盐水泥》GB 175—2023的规定，水泥中允许添加0～5%的替代组分，这些替代组分可以是符合该标准规定的石灰石、砂岩、窑灰中的任何一种材料。

普通硅酸盐水泥按强度等级分为42.5、42.5R、52.5、52.5R，共4个等级，普通硅酸盐水泥的技术性质见表2-1-2。

普通硅酸盐水泥的技术性质　　　　　表 2-1-2

技术性质	要求说明
早期强度略低，后期强度较高	适用于对早期强度要求较低，但对后期强度要求较高的工程，如某些结构建筑
水化热略低	能够减缓水泥的水化反应速率，适用于一些对水化热敏感的工程，提高混凝土的耐久性
抗渗性和抗冻性好，抗碳化能力强	适用于水工混凝土等对抗渗性和抗冻性要求较高的工程，具备良好的抗碳化性能
抗侵蚀能力较好	适用于一些受到侵蚀因素影响较大的环境，如海岸工程等
耐磨性、耐热性较好	适用于对耐磨性和耐热性要求较高的工程，如高速公路、道路和耐火性要求较高的环境

普通硅酸盐水泥与硅酸盐水泥相比，其早期强度稍低，但后期强度较高，水化热较低，且具备良好的抗渗性、抗冻性、抗碳化性能。此外，普通硅酸盐水泥在耐磨性和耐热性方面也表现较好。其应用范围与硅酸盐水泥基本相同。

（3）矿渣硅酸盐水泥、火山灰质硅酸盐水泥及粉煤灰硅酸盐水泥

矿渣硅酸盐水泥、火山灰质硅酸盐水泥和粉煤灰硅酸盐水泥可分别简称为矿渣水泥、火山灰水泥和粉煤灰水泥

1）矿渣水泥、火山灰水泥及粉煤灰水泥的定义

根据《通用硅酸盐水泥》GB 175—2023的定义，由硅酸盐水泥熟料、粒化高炉矿渣质量分数大于20%且不超过70%、适量石膏经过精磨制成的水硬性胶凝材料被称为矿渣硅酸盐水泥（简称矿渣水泥），代号为P·S。矿渣硅酸盐水泥是我国产量最大的水泥品种，分为A型和B型，其中A型矿渣掺量大于20%且不超过50%，代号为P·S·A；B型矿渣掺量大于50%且不超过70%，代号为P·S·B。其中允许使用0～8%的符合本标准规定的粉煤灰、火山灰、石灰石、砂岩、窑灰中的一种材料等替代组分，替代后水泥中粒化高炉矿渣不得低于20%。

另一方面，由硅酸盐水泥熟料、火山灰质混合材料质量分数大于20%且不超过40%、适量石膏磨细制成的水硬性胶凝材料被称为火山灰质硅酸盐水泥（简称火山灰水泥），代号为P·P。

还有一种水泥类型是由硅酸盐水泥熟料、粉煤灰质量分数大于20%且不超过40%、适量石膏磨细制成的水硬性胶凝材料，被称为粉煤灰硅酸盐水泥（简称粉煤灰水泥），代号为P·F。

2）矿渣水泥、火山灰水泥及粉煤灰水泥的特点及应用

矿渣水泥、火山灰水泥以及粉煤灰水泥的共同特点在于它们都大量使用混合材料替代水泥熟料，因此在性质和应用方面存在许多相似之处，很多情况下可以相互替代使用。然而，由于混合材料的活性来源和物理性质（例如致密程度、需水量等）存在一些差异，因此这三种水泥各自具有独特的特性。矿渣水泥、火山灰水泥、粉煤灰水泥、复合水泥的相同点和不同点见表2-1-3。

（4）复合硅酸盐水泥

由硅酸盐水泥熟料、三种或三种以上的混合材料（包括粒化高炉矿渣、粉煤灰、火山灰质混合材料、石灰石、砂岩）、适量石膏经过磨细而成的水硬性胶凝材料被称为复合硅酸盐水泥（简称复合水泥，代号P·C）。混合材的总掺加量按质量百分比在大于20%且不超过50%之间。其中石灰石和砂岩的总量小于水泥质量的20%，0～8%可以为标准规定的窑灰替代，但掺入矿渣时，混合材料的掺量不得与矿渣水泥中的混合材料重复。

在使用新开发的混合材料时，为确保水泥的质量，对这类混合材料进行了新的规定。具体而言，水泥胶砂的28d抗压强度比必须大于等于75%，才为活性混合材料，小于75%则为非活性混合材料。同时，规定启用新开发的混合材料生产复合水泥时，必须经过国家级水泥质量监督和检验机构的充分试验和鉴定。

硅酸盐水泥、普通水泥、矿渣水泥、火山灰水泥、粉煤灰水泥和复合水泥是土木工程中广泛使用的六种通用水泥，它们的强度等级、成分及特性详见表2-1-4。有关这六种通用水泥的选用参见表2-1-5。

矿渣水泥、火山灰水泥、粉煤灰水泥、复合水泥的相同点和不同点　　　表2-1-3

分类	相同点	不同点
矿渣水泥	（1）强度的发展受温度影响显著。对于矿渣水泥等水泥种类，其强度发展对温度更为敏感，相较于硅酸盐水泥和普通硅酸盐水泥，其受温度影响更为显著。在低温环境下，这三种水泥的水化速度明显减缓，导致强度相对较低。通过采用高温养护可以加速二次反应的速度，提高早期强度，而不影响在常温下的后期强度发展。相反，硅酸盐水泥或普通水泥在高温养护后早期强度有所提高，但其后期强度相比常温养护的水泥低。 （2）这三种水泥具有早期强度较低、但后期强度增进率较大的特点。由于其熟料含量较少且二次反应较为缓慢，因此在早期具有较低的强度。然而，在后期由于二次反应持续进行和水泥熟料的水化产物不断增多，使得水泥强度的增进率逐渐加大，最终在后期强度上甚至超越同强度等级的硅酸盐水泥。因此，这三种水泥不太适用于对早期强度有较高要求的混凝土，例如在工期紧张或温度较低的情况下使用的混凝土，需在冬期施工时采取一定的保温措施。 （3）水化热较少。由于熟料含量较少，水化放热量相对较低，因此适用于大体积混凝土工程。 （4）良好的耐腐蚀性。这三种水泥中的熟料数量相对较少，水化生成的氢氧化钙含量也相对较低。同时，与活性混合材料进行二次水化使水泥石中易受硫酸盐腐蚀的水化铝酸三钙含量也较低，因此它们在耐腐蚀性方面表现较好。然而，在使用含有较多活性Al_2O_3的混合材料（如烧黏土）时，水泥石的耐硫酸盐腐蚀性相对较差，使得这三种水泥适用于受到溶出性侵蚀、硫酸盐和镁盐腐蚀的混凝土工程。 （5）抗冻性和耐磨性较差。由于水泥石的密实性较硅酸盐水泥和普通水泥差，因此这三种水泥的抗冻性和耐磨性相对较差。因此，它们不宜用于严寒地区水位升降范围内的混凝土工程，以及对耐磨性有要求的混凝土工程。 （6）抗碳化能力较差。由于水泥石中氢氧化钙含量较少，使得这三种水泥的抵抗碳化的能力较差。因此，它们不适合用于处于二氧化碳浓度较高环境中的混凝土工程，比如在铸造、翻砂车间等场合	（1）耐热性表现良好。矿渣水泥在硬化后，由于氢氧化钙含量较低，而矿渣本身具有耐火性，因此在受高温（不超过200℃）作用时，其强度不会显著降低。因此，矿渣水泥适用于需要承受高温的混凝土工程。若混入耐火砖粉等材料，则可以制备出更耐高温的混凝土。 （2）泌水性和干缩性较大。由于粒化高炉矿渣属于玻璃体，其对水的吸附能力较差，即保水性较差，因此在成型时容易泌水形成通道较大的水隙。由于泌水性较大，增加了水分的蒸发，因此导致其干缩性较大。因此，矿渣水泥不适用于对抗渗性要求较高的混凝土工程，以及需要承受冻融干湿交替作用的混凝土工程
火山灰水泥		（1）抗渗性能突出。由于水泥中含有丰富而细小的火山灰，其泌水性较小。在潮湿环境或水中进行养护时，火山灰水泥生成的水化硅酸钙凝胶较多，使水泥石结构更加致密，因而具备较高的抗渗性能。这使其适用于对抗渗性有较高要求的水中混凝土工程。 （2）干缩现象显著。与矿渣水泥相比，火山灰水泥在硬化过程中的干缩现象更为明显。在干燥的空气中，水泥石中的水化硅酸钙会逐渐失水，导致干缩裂缝的形成。此外，火山灰水泥在空气中二氧化碳的影响下，可能出现已硬化水泥石表面的"起粉"现象。因此，在施工过程中，需要加强养护，持续保持潮湿状态，以避免干缩裂缝和起粉的发生。因此，火山灰水泥不宜用于在干燥或干湿交替环境下的混凝土工程，以及对耐磨性有要求的混凝土工程
粉煤灰水泥		（1）具有小干缩和高抗裂性。由于粉煤灰的吸水能力较弱，拌和时所需水量较少，因此导致了较小的干缩现象，使其表现出较高的抗裂性。然而，由于粉煤灰颗粒呈球形，表面密实，水化过程相对较慢，这导致了其早期强度较低。尤其是由于球形颗粒保水性差，泌水速度较快，若养护不当，容易引发混凝土产生失水裂纹。 （2）早期强度相对较低。在三种水泥中，粉煤灰水泥的早期强度较低。这是因为粉煤灰颗粒呈球形，表面密实，不易发生水化反应。粉煤灰的活性主要在后期才得以发挥，因此这种水泥在早期强度的增长速率相比矿渣水泥和火山灰水泥更为缓慢，但在后期可以迎头赶上

通用水泥的强度等级、成分及特性   表 2-1-4

项目	硅酸盐水泥	普通水泥	矿渣水泥	火山灰水泥	粉煤灰水	复合水泥
强度等级类型	42.5、42.5R、52.5、52.5R、62.5、62.5R	32.5、32.5R、42.5、42.5R、52.5、52.5R				42.5、42.5R、52.5、52.5R
主要成分	以硅酸盐水泥熟料为主，不掺或掺加不超过5%的混合材	硅酸盐水泥熟料、大于5%且小于或等于20%的混合材	硅酸盐水泥熟料、大于20%且小于或等于70%的粒化高炉矿渣	硅酸盐水泥熟料、大于20%且小于或等于50%的火山灰质混合材料	硅酸盐水泥熟料、20%~40%的粉煤灰	硅酸盐水泥熟料、大于20%且小于或等于50%的混合材料
特性	硬化快，早期强度高 水化热大 抗冻性较好 耐热性较差 耐腐蚀性较差	早期强度较高 水化热较高 抗冻性较好 耐热性较差 耐腐蚀性较差	硬化慢，早期强度低，后期强度增长较快 水化热较低 抗冻性差，易碳化 耐腐蚀性较好 耐热性较好 对温度、湿度变化较为敏感	抗渗性较好 耐热性不及矿渣水泥 其他同矿渣水泥 抗渗性较好 耐热性不及矿渣水泥 其他同矿渣水泥	干缩较小 抗裂性较好 其他同矿渣水泥	3d强度高于矿渣水泥 其他同矿渣水泥

通用水泥的选用   表 2-1-5

分类		混凝土工程特点及所处环境条件	优先选用	可以选用	不宜选用
普通混凝土	1	在一般气候环境中的混凝土	普通水泥	矿渣水泥、火山灰水泥、粉煤灰水泥、复合水泥	
	2	在干燥环境中的混凝土	普通水泥	矿渣水泥	火山灰水泥、粉煤灰水泥
	3		火山灰水泥、粉煤灰水泥	矿渣水泥、火山灰水泥、粉煤灰水泥、复合水泥	普通水泥
	4	厚大体积的混凝土	矿渣水泥、火山灰水泥、粉煤灰水泥、复合水泥		硅酸盐水泥、普通水泥
有特殊要求的混凝土	1	要求快硬、高强的混凝土	硅酸盐水泥	普通水泥	矿渣水泥、火山灰水泥、粉煤灰水泥、复合水泥
	2	严寒地区的露天混凝土	硅酸盐水泥、普通水泥	矿渣水泥（强度等级大于32.5）	火山灰水泥、粉煤灰水泥
	3	严寒地区处于水位变化区的混凝土	普通水泥（强度等级大于42.5）		火山灰水泥、粉煤灰水泥、复合水泥
	4	有抗渗要求的混凝土	普通水泥、火山灰水泥		
	5	有耐磨性要求的混凝土	硅酸盐水泥、普通水泥	矿渣水泥（强度等级大于32.5）	火山灰水泥、粉煤灰水泥
	6	受侵蚀性介质作用的混凝土	矿渣水泥、火山灰水泥、粉煤灰水泥、复合水泥		硅酸盐水泥、普通水泥

注：当水泥中掺有黏土质混合材时，则不耐硫酸盐腐蚀。

2.1.2 骨料

混凝土中的骨料是指在混凝土或砂浆中扮演骨架和填充角色的岩石颗粒等散状颗粒材料，又称为集料。骨料的总体积占混凝土体积的70%～80%。在技术层面上，惰性、高强度骨料的存在使混凝土相比于纯水泥浆具有更好的体积稳定性和耐久性（通过良好的骨料级配可以获得混凝土拌合物优良的工作性能）；在经济方面，骨料相较于水泥更为经济实惠，作为水泥浆的廉价填充材料，使混凝土在经济上更具优势。

（1）来源

传统上，混凝土的骨料主要采用自然形成的各种岩石。这些天然岩石根据其成因可以分为火成岩、水成岩和变质岩三类。

火成岩：又称岩浆岩，是指岩浆冷却后形成的一种岩石。已经发现的火成岩种类多达700多种，其中包括常见的花岗岩、安山岩和玄武岩等，主要成分为硅酸盐。根据岩浆冷却固结的深度，火成岩可分为侵入岩（形成于地下）和喷出岩或火山岩（形成于地表）。一般来说，成岩位置越深，岩石的晶粒尺寸越大，结构更为致密，强度和硬度也越高。而喷出岩由于冷却速度较快，通常为玻璃质或细粒岩石，结构相对疏松，甚至形成轻质多孔岩石，如浮石和珍珠岩。

水成岩：又称沉积岩，是指其他岩石的风化产物和一些火山喷发物，在水流或冰川的搬运、沉积和成岩作用下形成的岩石。水成岩是地表上最为常见的岩石，约占所有岩石总量的75%。沉积岩主要包括石灰岩、砂岩和页岩等，其中页岩含量最多，但由于其层状结构，并非全部适用于拌制混凝土。

变质岩：是指在地球内部受到温度、压力、应力和化学成分等因素的作用，发生物质成分迁移或再结晶而形成的新型岩石。常见的变质岩包括板岩、片岩、石英岩、大理岩和蛇纹岩等。

（2）分类

1）按尺寸分类：

按尺寸分类是混凝土骨料最简单、最常见的分类方法。根据颗粒的粒径大小，混凝土骨料可划分为细骨料和粗骨料。粒径小于4.75mm的骨料被称为细骨料或砂，而粒径大于4.75mm的骨料被称为粗骨料或石子。

细骨料（砂）：主要采用天然砂或人工砂。根据《建设用砂》GB/T 14684—2022规定，砂的表观密度应不小于2500kg/m³，松散密度不小于1400kg/m³，空隙率不大于44%。天然砂包括河砂、湖砂、江砂、山砂和淡化海砂，而人工砂则包括机制砂和混合砂。机制砂是通过机械破碎、筛分制成，颗粒形状尖锐，但含有片状颗粒及细粉，成本相对较高。混合砂是机制砂和天然砂的混合。

粗骨料（石子）：根据《建设用卵石、碎石》GB/T 14685—2022规定，粗骨料（石子）的表观密度应大于2600kg/m³，空隙率不大于47%。碎石和卵石是常用的粗骨料，碎石大多由天然岩石经破碎、筛分而得，表面粗糙，棱角多，与水泥的粘结强度高，因此制成的混凝土强度较高；而卵石则表面较光滑，流动性大，但强度较低。

2）按加工方式分类：

骨料可分为天然骨料和人工骨料。天然骨料是指未经任何加工处理（筛分、冲洗除外）的骨料，如天然砂和卵石。人工骨料包括碎石和机制砂，以及各种工业废渣、尾矿，以及人造骨料，这些由天然岩石或工业废渣、尾矿烧制而成。

3）按密度分类：

混凝土骨料可分为重骨料、普通骨料和轻骨料，其中普通骨料的堆积密度一般为 $1500 \sim 1800 kg/m^3$，而堆积密度不大于 $1200 kg/m^3$ 的骨料称为轻骨料。

2.1.3 水

混凝土用水是指混凝土拌和和养护所需的水资源，包括饮用水、地表水、地下水、再生水、混凝土企业设备洗刷水和海水等。根据《混凝土用水标准》JGJ 63—2006规定，混凝土用水的水质应满足以下要求：

混凝土拌和用水的水质应符合规定。对于设计使用年限为100年的结构混凝土，氯离子质量浓度不得超过500mg/L；对使用钢丝或经热处理钢筋的预应力混凝土，氯离子质量浓度不得超过350mg/L。

地表水、地下水、再生水的放射性应符合现行《生活饮用水卫生标准》GB 5749—2022的规定。

被检验水样应与饮用水样进行水泥凝结时间对比试验。对比试验的水泥初凝时间差及终凝时间差不应大于30min；初凝和终凝时间应符合《通用硅酸盐水泥》GB 175—2023的规定。

被检验水样应与饮用水样进行水泥胶砂强度对比试验，被检验水样配制的水泥胶砂3d和28d强度不应低于饮用水配制的水泥胶砂3d和28d强度的90%。

混凝土拌和用水不应含有漂浮的油脂和泡沫，也不应呈明显的颜色和异味。

混凝土企业设备洗刷水不适用于预应力混凝土、装饰混凝土、加气混凝土和暴露于侵蚀环境的混凝土；不得用于使用碱活性或潜在碱活性骨料的混凝土。

未经处理的海水不得用于钢筋混凝土和预应力混凝土。

在无法获得水源的情况下，海水可用于素混凝土，但不宜用于装饰混凝土。

◆ 2.2 传统原材料的来源与碳排放

混凝土是建筑领域中最为常见的建筑材料之一，其优越的强度和耐久性使其成为各类结构的首选。然而，传统混凝土的制备涉及大量的原材料，这些原材料的获取和利用直接关系到建筑产业对环境的影响。混凝土的主要成分之一是水泥，而水泥的生产过程对环境产生了巨大的影响。水泥的主要原材料包括石灰石、黏土和铁矿石。这些材料通常需要大量的开采和运输，导致能源和资源的消耗。尤其是石灰石的采掘往往伴随着生态破坏，给当地生态系统造成不可逆的损害。另一个混凝土的组成部分是骨料，通常是砂和石子。这些材料也需要大量的能源用于开采、加工和运输。尤其是砂的开采在一些地区已经导致了河流生态系统的恶化，影响了水生生物的生存环境。

传统混凝土的制备过程是一个高能耗的过程，其中最主要的碳排放源来自水泥的生产。水泥的制备通常涉及石灰石的煅烧过程，这一过程需要高温和大量的能源，主要使用化石燃料。在这个过程中，二氧化碳被释放到大气中，成为主要的温室气体之一。此外，

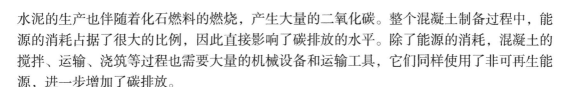

水泥的生产也伴随着化石燃料的燃烧，产生大量的二氧化碳。整个混凝土制备过程中，能源的消耗占据了很大的比例，因此直接影响了碳排放的水平。除了能源的消耗，混凝土的搅拌、运输、浇筑等过程也需要大量的机械设备和运输工具，它们同样使用了非可再生能源，进一步增加了碳排放。

面对传统混凝土所带来的环境问题，人们开始寻找更加可持续的替代材料-混凝土掺合料，以减少碳排放并最大限度地降低对自然资源的依赖。一种替代水泥的材料是粉煤灰和矿渣，它们是工业生产的副产品。这些材料不仅减少了对传统原材料的需求，还能在混凝土中起到部分水泥的替代作用，从而减少了碳排放。随着科技的不断进步，一些创新性的技术应运而生，有望降低混凝土生产过程中的碳排放。其中之一是碳捕获与储存技术，通过这一技术，工厂能够在水泥生产过程中捕获二氧化碳并将其储存在地下，避免其释放到大气中。传统混凝土在建筑领域中扮演着重要的角色，但其生产过程所带来的环境问题不可忽视。通过寻找可持续替代材料、引入创新技术以及改进制备工艺，我们有望降低混凝土产业对环境的不良影响。

2.3 混凝土绿色低碳原材料

混凝土作为建筑业中常用的主要材料，其绿色低碳化已成为全球建筑行业的重要趋势。传统混凝土生产过程中需要大量的水泥，而水泥的生产过程则会释放大量的二氧化碳，对环境造成严重影响。因此，研发和应用混凝土绿色低碳原材料成为当前技术创新的热点之一。混凝土绿色低碳原材料主要包括替代水泥的材料和替代骨料的材料。替代水泥的材料如粉煤灰、矿渣等不仅能够减少水泥的使用量，还能够利用工业废弃物资源，降低生产过程中的能耗和碳排放。替代骨料则是通过采用自然界中存在的或者人工制备的骨料替代传统的河砂，经过再加工处理后用于混凝土生产，减少原材料的开采和能源消耗。采用混凝土绿色低碳原材料不仅有利于节约资源、减少能源消耗和环境污染，还有助于提升混凝土的耐久性和工程质量。随着技术的不断进步和绿色理念的普及，混凝土绿色低碳原材料的应用将在未来建筑行业中扮演越来越重要的角色，推动建筑行业朝着可持续发展的方向迈进。

2.3.1 粉煤灰

粉煤灰，又称飞灰（fly ash，FA），是从煤炉发电厂排放出的烟道灰或通过风选、粉磨后得到的具有一定细度的产品。在燃煤发电厂燃炉中，挥发性物质和碳充分燃烧，形成大多数矿物杂质的灰分，并随尾气排出，粉煤灰的实物图见图2-3-1。粉煤灰颗粒在燃烧炉中呈熔融态，但在离开燃烧区后，熔融态粉煤灰被迅速冷却，固化成球体、玻璃质颗粒。其中，一部分粉煤灰呈球形，表面光滑，由微米级的实心和中空玻璃微珠组成；另一部分为玻璃碎屑及少量的莫来石、石英等结晶物质。粉煤灰的扫描电镜图见图2-3-2。由于其独特的矿物和颗粒特性，热能电厂生产的粉煤灰通常可直接用作硅酸盐水泥的矿物掺合料，无需进一步加工。底灰的颗粒较粗，活性较低，通常需要经过磨细以提高其火山灰活性。

由于水泥和某些高活性矿物掺合料可能引起水化反应加剧、凝结硬化加快，混凝土温升升高、收缩显著增大而导致开裂等问题，因此，现代混凝土在很多情况下需要低反应活性、易加工且具备良好需水行为的超细填料。粉煤灰因符合这些要求，成为现代混凝土中最重要的矿物掺合料之一。

图 2-3-1　粉煤灰的实物图

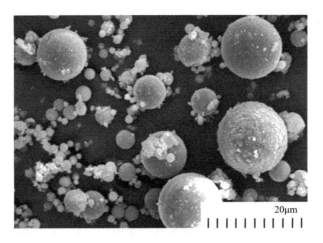

20μm

图 2-3-2　粉煤灰的扫描电镜图

粉煤灰的活性主要取决于其中玻璃体的含量、无定形氧化铝和氧化硅的含量，经过超高温处理后的粉煤灰通常含有60%～90%的玻璃体，而玻璃体的化学成分和活性主要取决于钙的含量。我国大多数火力发电厂排放和生产的粉煤灰成分为：SiO_2（40%～60%）、Al_2O_3（20%～30%）、Fe_2O_3（5%～10%）、CaO（2%～8%）和烧失量（0.2%～8%）。其中，SiO_2 和 Al_2O_3 是粉煤灰中的主要活性成分，而烧失量主要由未燃尽的碳组成，它会导致混凝土吸水量增大、强度降低、易风化和抗冻性降低，是粉煤灰中的有害成分之一。

由于烟煤生产的低钙粉煤灰中含有铝硅玻璃体，其活性通常低于高钙粉煤灰中的玻璃体。低钙粉煤灰中的晶体矿物主要有石英、莫来石、硅线石、磁铁矿和赤铁矿，这些矿物不具备火山灰活性；而高钙粉煤灰中的晶体矿物主要有石英、铝酸三钙、硫铝酸钙、硬石膏、方镁石、游离氧化钙和碱性硫酸盐。除了石英和方镁石外，高钙粉煤灰中所有的晶体矿物均具有较高的活性，这是高钙粉煤灰比低钙粉煤灰具有更高活性的原因。高钙粉煤灰不仅具有火山灰活性，还具有一定自硬性，如果没有石膏或其他外加剂的缓凝作用，还会加速水泥的凝结硬化。

粉煤灰的三大效应如表2-3-1所示：

粉煤灰的三大效应

表2-3-1

火山灰效应	形态效应	微集料填充效应
粉煤灰形态为微细硅铝玻璃微珠，这些微珠由硅氧四面体、铝氧四面体和铝氧八面体等单元聚合而成，形成无规则的长链式和网络式结构，不容易解体断裂，存在活性效应（火山灰效应）。粉煤灰的火山灰效应指的是其中的活性二氧化硅、活性氧化铝等成分与氢氧化钙反应，生成水化硅酸钙、水化铝酸钙或水化硫铝酸钙等次生水化产物。这些反应有助于提高混凝土的强度。在水泥水化时，粉煤灰处于碱性介质中，其硅铝玻璃体中的Si—O、Al—O键与OH⁻、Ca²⁺以及剩余的石膏发生反应，生成水化硅酸钙、水化铝酸钙和钙矾石等产物，进一步增强了混凝土的强度	粉煤灰中富含表面光滑的球形玻璃微珠颗粒。由于这些微珠具有"滚珠作用"，使得粉煤灰在混凝土中具备一定的减水作用。这有助于降低混凝土的单方用水量，减少混凝土硬化后形成的较大孔隙。混凝土的需水量主要取决于固体材料混合颗粒之间的空隙。因此，在保持一定的稠度指标的前提下，使用粉煤灰可以降低混凝土的需水量，减少孔隙率，改善混凝土的致密性	粉煤灰的微细颗粒分布在水泥中，填充了水泥空隙和毛细孔隙，形成了致密势能，能够减少硬化混凝土中有害孔的比例，有效提高混凝土的密实性。这一效应被称为粉煤灰的微集料填充效应。由于粉煤灰在混凝土中的活性填充行为，它通常能够提高混凝土的致密度。在新拌混凝土阶段，粉煤灰分散于水泥颗粒之间，有助于水泥颗粒"解絮"，改善拌合物的和易性，提高其抵抗离析和泌水的能力，从而使混凝土初始结构致密化。在混凝土硬化发展阶段，粉煤灰具有物理填充料的作用。硬化后，粉煤灰发挥活性填充料的作用，改善混凝土中水泥石的孔结构特征

2.3.2　磨细矿渣

通常所说的"磨细矿渣"的全名应为"粒化高炉磨细矿渣粉"，是在高炉炼铁过程中获得的以硅铝酸钙为主要成分的熔融物，通过淬冷形成的颗粒副产品。矿渣是在炼铁炉中浮于铁水表面的熔渣，在排出时通过喷水急速冷却而粒化，形成水淬矿渣。无论是生产矿渣水泥还是磨细矿渣，都使用这种颗粒状的渣，磨细矿渣是将这种颗粒状的高炉水淬渣经过干燥后，再采用专门的粉磨工艺磨至规定的细度（一般比表面积为400 ~ 600m²/kg），粒化高炉矿渣的实物图见图2-3-3。磨细矿渣具有较高的潜在活性，其活性的大小与化学成分和水淬生成的玻璃体含量有关。随着粉磨技术的不断发展，磨细矿渣在混凝土中的应用越来越广泛。在混凝土拌和过程中，磨细矿渣可等量替代水泥直接加入混凝土中，从而改善新拌混凝土和硬化混凝土的性能。矿渣的成分除了含有玻璃体外，还包括少量硅酸二钙（C_2S）、钙铝黄长石（C_2AS）和莫来石（$3Al_2O_3 \cdot 2SiO_2$）晶体矿物，具有一定的自硬性，粒化高炉矿渣的扫描电镜图见图2-3-4。

矿渣的主要化学组成为CaO、SiO_2、Al_2O_3等。与粉煤灰不同，矿渣的化学成分中CaO和SiO_2含量较高，CaO含量一般在40%以上，但Al_2O_3含量较低。磨细矿渣中的一些有害

图 2-3-3　粒化高炉矿渣的实物图

图 2-3-4　粒化高炉矿渣的扫描电镜图

物质的含量不应超过国家标准的要求，例如对钢筋有锈蚀作用的氯离子含量、影响混凝土碱-骨料反应的碱含量、影响混凝土体积稳定性的氧化镁和三氧化硫含量等。根据《用于水泥、砂浆和混凝土中的粒化高炉矿渣粉》GB/T 18046—2017的规定，磨细矿渣技术要求应符合"磨细矿渣技术要求"中的规定。

　　磨细矿渣的细度对混凝土性能影响较大，矿渣微粉的粒径分布、颗粒级配、颗粒形貌等特征参数与水泥基材料的流动性、密实性及力学性能之间存在密切关系。随着比表面积的增大，矿渣的平均粒径逐渐减小。当比表面积为300m²/kg时，平均粒径约为21.2μm；比表面积为400m²/kg时，平均粒径约为14.5μm；比表面积为800m²/kg时，平均粒径约为2.5μm，是比表面积为300m²/kg的矿渣粒径的1/8左右。当磨细矿渣粒径大于45μm时，很难参与水化反应，因此用于高性能混凝土的磨细矿渣粉比表面积应不低于400m²/kg，以充分发挥其活性，减少泌水性。矿渣磨得越细，其活性越高，但掺入混凝土后，胶凝材料早期产生的水化热越大，越不利于控制混凝土的水化温升。当矿渣的比表面积超过400m²/kg

后，在用于更低水胶比的混凝土时，混凝土早期自收缩随矿渣粉掺量的增加而增大。粉磨矿渣也更加耗能，成本较高。因此，磨细矿渣的比表面积不宜过大，用于大体积混凝土时，磨细矿渣的比表面积应不超过420m²/kg；否则，应考虑增大矿渣掺量。

当磨细矿渣的粒径超过45μm时，其参与水化反应变得相当困难。因此，为了在高性能混凝土中充分发挥其活性并减少泌水性，磨细矿渣粉的比表面积应不低于400m²/kg。随着磨细度的增加，矿渣的活性也随之提升，但在掺入混凝土后，胶凝材料早期产生的水化热增加，有可能不利于控制混凝土的水化温升。当矿渣的比表面积超过400m²/kg时，如果用于更低水胶比的混凝土，混凝土早期的自收缩可能会随矿渣粉掺量的增加而增大。粉磨矿渣也会带来更高的能源消耗和成本。随着磨细度的增加和掺量的提高，低水胶比的高性能混凝土拌合物可能变得更为黏稠。因此，磨细矿渣的比表面积不应过大，特别是在用于大体积混凝土时，磨细矿渣的比表面积不应超过420m²/kg。否则，需要考虑增加矿渣的掺量。

2.3.3 硅灰

硅灰（Silica Fume，SF）是从铁合金厂在冶炼硅铁合金或工业硅的过程中，通过烟道收集的粉体材料，其主要成分为无定形二氧化硅，硅灰的实物图见图2-3-5。硅灰又被称为凝聚硅灰或微硅粉。除了在耐火材料中的应用，硅灰在高强混凝土和超高强混凝土中的使用也变得越来越广泛。硅灰混凝土主要用于对混凝土工程有特殊要求的情况，如高强度、高抗渗性、高耐久性、耐侵蚀性、耐磨性以及对钢筋无侵蚀的混凝土中。

硅灰的表观密度约为水泥的2/3，但堆积密度却只有水泥的1/6左右。其比表面积可达15000m²/kg以上，颗粒呈球形，平均粒径为0.1～0.2μm，是水泥颗粒细度的两

图2-3-5 硅灰的实物图

个数量级。硅灰中SiO₂的含量因所产生的硅合金类型而异，最高可达90%～98%，最低只有25%～54%。用于混凝土的硅灰SiO₂含量应大于85%，且绝大部分呈非晶态。非晶态SiO₂的比例越高，硅灰的火山灰活性越大，在碱性溶液中的反应能力也更强。优质硅灰中高达98%以上的组分都是无定形SiO₂，具有极高的潜在活性，硅灰的扫描电镜图见图2-3-6。

由于硅灰颗粒细度较小、比表面积较大，具备高纯度的SiO₂和卓越的火山灰活性等物理化学特性。在将硅灰作为矿物掺合料添加到混凝土中时，必须搭配高效减水剂，以确保混凝土的和易性。然而，硅灰的使用可能导致早期收缩问题，通常掺量为胶凝材料总量的5%～10%，常与其他矿物掺合料混合使用。在我国，由于硅灰产量较低，目前价格相对较高，因此一般只有在混凝土强度超过80MPa时才会考虑添加硅灰。硅灰对混凝土性能有多方面的积极影响，其无定形和微细特性主要在物理和化学两个方面产生良好效果：物理

方面，硅灰的引入主要起到超细填料的作用，提高混凝土的密实度；化学方面，在早期水化过程中，充当晶核，具有显著的火山灰活性，同时能够增强混凝土的耐磨性和抗腐蚀性。

图 2-3-6　硅灰的扫描电镜图

2.3.4　偏高岭土超细粉

以偏高岭土超细粉为主要成分的产品，其原料为偏高岭土（$Al_2O_3 \cdot 2SiO_2 \cdot 2H_2O$）类矿物，经过适当的温度（$600 \sim 950℃$）煅烧后，并通过粉磨加工而形成。偏高岭土超细粉在脱水、分解过程中，部分生成无定形的二氧化硅和氧化铝，另一部分保持无水硅铝酸盐结晶体状态。其呈白色粉末状，平均粒径为 $1 \sim 2μm$。经过热处理，偏高岭土超细粉保留了许多孔隙，显著增加了其比表面积，偏高岭土超细粉的实物图见图 2-3-7。

偏高岭土超细粉的主要成分包括无定形的二氧化硅和氧化铝，其含量达 90% 以上，尤其是氧化铝含量相对较高。其原子排列呈不规则状态，处于热力学介稳状态，具有大量的化学断裂键，表面能较大，偏高岭土超细粉的扫描电镜图见图 2-3-8。在适当的激发剂作用下，具有较高的胶凝性，与硅灰相似，但需水量较硅灰更少，且其增强效果与硅灰相当。试验研究表明，偏高岭土超细粉的火山灰活性与多个因素相关，包括高岭土的纯度（即高岭石的含量）、热处理温度、升温速度和保温时间等。

加入偏高岭土超细粉可以提高混凝土的强度等级。在碱性激发条件下，偏高岭土超细粉中的活性 SiO_2 和 Al_2O_3 会迅速与水泥水化生成 $Ca(OH)_2$ 反应，形成具有一定胶凝性能的水化硅酸钙和水化铝酸钙。同时，这减少了粗骨料周围的 $Ca(OH)_2$ 层，凝胶产物填充于晶体骨架之间，使混凝土的结构更加致密，从而早期和后期的强度都得到提高。试验研究表明，混凝土中加入偏高岭土超细粉后，增强效果显著，后期强度甚至有可能超过硅灰。

偏高岭土超细粉作为一种活性微细掺合料，除了具有火山灰效应外，还具备填充效应。其掺入可使孔隙减小，界面趋于密实，提升水泥石与骨料界面的粘结力。由于偏高岭

图2-3-7 偏高岭土超细粉的实物图

图2-3-8 偏高岭土超细粉的扫描电镜图

土超细粉具有较高的比表面积和良好的亲水性，加入混凝土中可改善拌合物的黏聚性和保水性，减少泌水。对于高性能混凝土，适量的偏高岭土超细粉替代水泥能够显著改善混凝土的抗渗性、抗冻性和耐蚀性等耐久性能。由于其对钾、钠和氯离子的吸附作用，还能有效抑制碱-骨料反应。此外，掺入偏高岭土超细粉的混凝土的自收缩和干燥收缩较小，同时具备较好的抗碳化性能，进一步提高了混凝土的耐久性。

偏高岭土超细粉作为活性掺合料性能卓越，但其掺量并非越多越好。通常随着偏高岭土超细粉掺量的增加，混凝土的坍落度会下降，因此需要适度增加用水量或高效减水剂的用量。作为新型活性矿物掺合料，偏高岭土超细粉具备其他掺合料不具备的多项优势。我国高岭土资源丰富、分布广泛、质量稳定，制备偏高岭土超细粉简便、价格低廉，活性与硅灰相近，因此其开发与应用前景广阔。

2.3.5 沸石粉

沸石粉是从天然沸石岩中磨细而得到的一种火山灰质材料，又称沸石凝灰岩。在长期的压力、温度和水作用下，部分凝灰岩经过沸石化。天然沸石岩的沸石含量差异较大，从30%到90%不等。这种火山灰质材料呈白色，具有广泛的内表面积，沸石粉的实物图见图2-3-9。沸石岩属于火山灰质铝硅酸盐矿物，主要化学成分为SiO_2，占60%左右，以及Al_2O_3，占15%～20%。其中，沸石岩中的无定形凝灰岩具有火山灰活性，可与水泥水化析出的氢氧化钙反应，生成C-S-H和C-A-H。其火山灰活性次于硅灰，但优于粉煤灰，沸石粉的扫描电镜图见图2-3-10。

图2-3-9　沸石粉的实物图

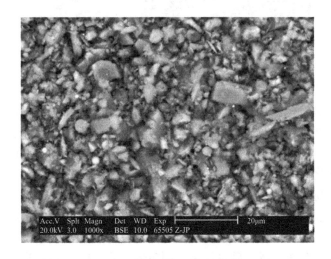

图2-3-10　沸石粉的扫描电镜图

我国是天然沸石资源丰富的国家，已发现的矿床或矿点超过400处，探明储量超过100亿t，预测储量可达500亿t。沸石是一种廉价且易于开采的矿物，作为混凝土用矿物掺合料具有普遍的适用性和经济性。目前，天然沸石有四十多种，其中斜发沸石和丝光沸石是主要用于混凝土配制的种类。不同产地的沸石粉其化学成分存在较大差异，一般而言，SiO_2 和 Al_2O_3 总量约占沸石粉的80%。

混凝土中使用的沸石粉，其细度宜控制在与水泥一致或略粗。天然沸石粉对性能的影响来源见表2-3-2。

天然沸石粉对性能的影响来源　　　　　　　　　　　　表2-3-2

矿物组成	独特的三维空间结构和较大的内表面积
沸石粉富含 SiO_2 和 Al_2O_3，碱性激发下，可与水泥水化时析出的氢氧化钙反应，生成水化硅酸钙凝胶，促进水泥水化反应	由于天然沸石本身具有网络结构，内部充满均匀的孔穴和通道，经过磨细后具有较大比表面积，在自然状态下能吸附水分子和气体，并与大气相对湿度平衡。混凝土中掺入时，可吸附多余的拌和用水，克服混凝土的泌水性，提高混凝土的黏性，增加集料裹浆量，从而改善混凝土的工作性能

沸石粉作为混凝土的掺合料，其作用效果明显，与其特性密切相关。加入水泥混凝土后，在搅拌初期，由于沸石粉的吸水作用，部分自由水被吸附，因此，为达到相同的坍落度和扩展度，水和减水剂的用量需增加。然而，适度的掺量不会影响混凝土强度，反而可以提高拌合物的黏度，使其更均匀、易搅拌，从而提高混凝土的和易性和抗渗性。在混凝土硬化过程中，随着水泥进一步水化的需水，先前被沸石粉吸附的水分会重新释放，起到内部养护作用，促进水化反应，减少自收缩。

2.3.6 黏土

黏土材料的结构主要包括两种基本的单元：一种是八面体，另一种是四面体。八面体结构是由紧密排列的氧和羟基组成，其结构中大部分是铝，也有铁或镁原子以八面体配位排列。四面体结构由四个氧原子以四面体的形式排列，硅原子在中心，黏土的实物图见图2-3-11。

自然界中的黏土由于其内部结构的不同存在两种类型：

1）双层结构型（单层四面体和单层八面体以1：1的形式复合）。如高岭土，二重高岭土，珍珠陶土。

2）三层结构型（两层硅四面体和中心一层八面体）。如膨胀性的黏土（例如蒙脱土、绿脱土）；非膨胀性的黏土（例如伊利土）。

大部分天然黏土直接掺入水泥中时，

图2-3-11 黏土的实物图

一般都只是作为惰性填料，若要使黏土变得有活性，必须采用有效的方法（力学、化学或者热力学）来使其活化。在一定高温下对黏土进行煅烧是最经济可行和最常用的活化黏土的方法。黏土煅烧所需的温度一般为700～850℃，高岭石、蒙脱石和伊利石等不同黏土的分子结构示意图见图2-3-12。

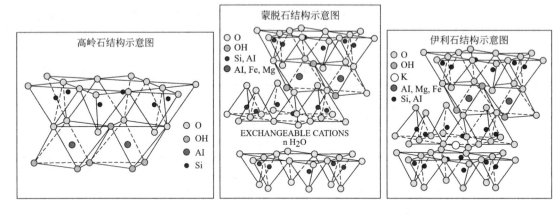

图2-3-12 高岭石、蒙脱石和伊利石等不同黏土的分子结构示意图

高岭土（AS_2H_2）在煅烧后会转变生成一种活性较高的亚稳相，即偏高岭土（AS_2），如式（2-3-1）所示。

$$AS_2H_2 \rightarrow AS_2 + 2H \tag{2-3-1}$$

偏高岭土的高活性主要是由于结构中存在Al（Ⅴ）结构。在其他几种黏土中，仅发现了Al（Ⅳ）和Al（Ⅵ）结构，而这两种结构的活性并不高。结构无序性是偏高岭土火山灰活性的主要来源。和煅烧后的伊利土和蒙脱土相比，偏高岭土的高活性也是由于其可以脱羟基的集团含量较高所致。因此，在不同种类的黏土中，煅烧高岭土最适合作为辅助性胶凝材料。

煅烧黏土的活性主要来源于活化黏土时生成的偏高岭土。煅烧黏土与纯偏高岭土不同，其组成中含有一定杂质，若杂质含量较多，相当于在水泥基材料中加入惰性填料。惰性填料过多会稀释水泥基材料、影响水泥基材料的性能而大大限制煅烧黏土的使用，煅烧黏土在水泥基材料中的具体作用机制类似于偏高岭土。

2.3.7 煤矸石

煤矸石作为采煤和选煤过程中产生的副产品，若不加以利用，便成为一种固体废物，煤矸石的实物图见图2-4-13。按来源可分为掘进、洗选和自然三类，其中掘进矸石约占原煤的10%，洗选矸石占入选原煤的12%～18%，占我国工业固体废弃物总量的40%以上。其质地坚硬，呈黑灰色，主要成分为Al_2O_3、SiO_2，矿物组成以黏土矿物（如高岭石、伊利石、蒙脱石）和石英为主。其中高岭石含量占10%～67%，石英含量占15%～35%，高岭石易于激发活性，而石英则抗风化能力强，难以分解，为其转化利用提供了可行性。

煤矸石的化学成分与黏土非常相似，可部分或全部替代黏土用于水泥生产。经过热活化处理后，作为混合材料的煤矸石可达到水泥掺量的30%，还能提升水泥性能，提高易烧性，有利于稳定热工制度，提高水泥熟料质量。然而，不同地区煤矸石成分和热值存在巨大差异，使用前需要调整工艺参数和配料方案。利用煤矸石制水泥不仅能节约成本，降低能耗，而且其掺量取决于活性大小，活性越高，可替代水泥量越多，因此有效活化煤矸石至关重要。目前提高其活性的方法主要有三种：高温煅烧可除碳，破坏Si—O和Al—O键结构；研磨可通过机械作用力提升活性；化学方法则通过添加化学添加剂改善活性。煅烧前后的煤矸石见图2-3-14。

图2-3-13　煤矸石的实物图

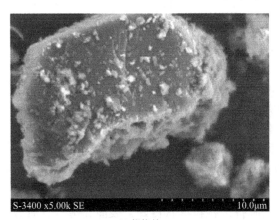
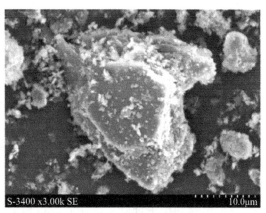

(a) 煅烧前　　　　　　　　　　　　　　　　　　(b) 煅烧后

图2-3-14　煅烧前后的煤矸石

此外，经过处理加工，煤矸石可用作混凝土的骨料，但与传统骨料如石英和碎石相比，仍存在许多缺点，例如强度低、密度小、含有较多的层状和片状类物质，因此需要对其进行预处理。目前的预处理方法主要有直接破碎和筛分两种。只有经过预处理，并按最佳掺料比混合后，才能确保混凝土质量的安全，并充分利用煤矸石的剩余价值。

2.3.8　机制砂

机制砂，也称人造砂或人工砂，是一种通过人工制造的砂料，广泛应用于建筑、公路、铁路、水利工程等领域。它是为了替代自然砂而研发出来的，具有坚硬、均匀、颗粒形状良好、粒径可控等特点，能够满足不同工程的需求，并在环保和资源保护方面具有显著优势，机制砂的实物图见图2-3-15。

图2-3-15 机制砂的实物图

机制砂的制备过程主要包括原料选取、破碎、筛分、洗涤、成型和加工等步骤。机制砂的主要原料通常是石子、碎石、石粉等天然矿物材料，这些材料来源于采矿或者是建筑废弃物的再利用。选取合适的原料对于机制砂的质量和性能至关重要。原料经过初步的破碎后，进入筛分工序，通过不同规格的筛网进行分级，以获得符合要求的颗粒大小范围。筛分后的原料通常需要进行洗涤，去除表面的杂质和粉尘，提高砂料的纯净度和质量。洗涤后的原料通过成型设备，如振动筛、冲击式破碎机等，加工成符合要求的砂粒。成型的砂料可能还需要进一步加工处理，如研磨、干燥等，以提高砂料的强度和稳定性。

机制砂相对于自然砂具有以下显著优点，使其在工程建设中得到广泛应用：

1）资源丰富和可控性：自然砂资源日益稀缺，而机制砂的原料来源广泛，能够利用石料、建筑废弃物等资源，且其粒径和成分可以通过工艺控制进行调节，以满足不同工程的要求。

2）坚硬和稳定性好：机制砂经过精细加工制备，颗粒形状良好，表面光滑，具有较高的抗压强度和抗剪强度，能够保证工程结构的稳定性和耐久性。

3）环保和可持续发展：机制砂在制备过程中不仅能够有效利用废弃资源，还能减少对自然环境的影响，降低对河流、湖泊等自然生态系统的破坏，符合现代社会对可持续发展的要求。

4）粒径分布可控：机制砂在生产过程中可以精确控制砂料的粒径分布，从细砂到粗砾均可制备，能够根据工程设计要求提供不同规格的砂料。

5）抗冲击和耐磨性强：机制砂具有良好的抗冲击能力和耐磨性，适合用于复杂的工程环境，如高速公路路基、铁路道床等需要经常承受重压和磨损的场所。

随着建筑业的快速发展和环保意识的提升，机制砂的应用前景十分广阔。未来机制砂的发展趋势主要体现在以下几个方面：

1）技术创新和工艺提升：随着材料科学和制造技术的进步，机制砂的制备工艺将更加精细化和智能化，提高砂料的质量和稳定性。

2）多功能化和定制化：针对不同工程需求，开发多种类型的机制砂，提供更广泛的选择，满足复杂工程的特殊要求。

3）环保和可持续发展：进一步优化生产过程，减少能耗和资源消耗，促进机制砂产业向更加环保和可持续的方向发展。

机制砂作为一种高性能、环保的建筑材料，不仅能够有效替代自然砂，还能够促进建筑行业向着更加可持续发展的方向迈进。随着技术的不断进步和应用领域的扩展，相信机制砂将在未来的建筑工程中发挥越来越重要的作用。

2.3.9 风积沙

风积沙，顾名思义，是由风力作用下形成的沙质颗粒，通常在干旱、半干旱地区以及沙漠地带形成，风积沙的实物图见图2-3-16。其特点包括：风积沙的颗粒大小和形状取决于其形成环境，通常为细小且颗粒圆滑，这使得其在混凝土中的填充性能和工作性能不同于传统的天然河砂；风积沙的主要矿物成分包括石英、长石等，这些矿物质来源于当地的岩石风化和侵蚀过程；风积沙在地质时间尺度上形成和积累，其沉积环境和地质历史对其物理性质和化学成分有着深远影响。

图 2-3-16　风积沙的实物图

风积沙在混凝土中的应用是一个具有潜力和未来发展空间的领域。风积沙，作为一种特殊的沙质颗粒，其形成过程和特性使其在建筑和工程材料中具有独特的优势和应用价值。风积沙作为一种替代传统河砂的新型原材料，在混凝土生产中具有多重优势：

1）资源丰富：风积沙在全球干旱和沙漠地区广泛分布，资源相对丰富，有助于减少对有限天然河沙资源的依赖。

2）环境友好：风积沙的开采不会对河流生态系统造成破坏，减少水资源的消耗和河床改变的风险。

3）工程性能：风积沙的颗粒大小和形状可以通过筛分和控制技术进行调整，以满足不同混凝土配方对砂料的要求，从而优化混凝土的力学性能和工作性能。

4）成本效益：在干旱地区或沙漠地带，风积沙的成本可能相对较低，有利于控制混凝土生产成本和减少建筑项目的总体投资。

风积沙作为混凝土的主要砂料之一，对混凝土的性能有着重要的影响：

1）强度特性：风积沙的颗粒形状和大小直接影响混凝土的抗压强度和抗拉强度，合适的砂料配合比可以优化混凝土的力学性能。

2）工作性能：风积沙的颗粒圆滑且晶体结构完整，有助于提高混凝土的流动性和可泵性，改善混凝土的施工性能。

3）耐久性改善：风积沙中的矿物成分和颗粒特性对混凝土的耐久性有一定影响，可以减少混凝土在恶劣环境下的侵蚀和老化速度。

总之，风积沙作为一种具有潜力的替代性砂料，其在混凝土中的应用不仅可以提升混凝土的性能和工程施工性，还能减少对传统天然砂石资源的依赖，符合可持续发展的建筑理念和环保要求。随着技术的进步和市场的成熟，相信风积沙将在未来的建筑和工程领域中发挥更加重要的作用。

2.3.10 海水海砂

海水海砂在混凝土中的应用是一个涉及材料科学、工程技术和环境保护的重要领域。随着全球建筑业的发展和可持续发展理念的推广，海水海砂作为一种替代传统砂石的新型原材料，受到越来越多的关注和研究，海水海砂的实物图见图2-3-17。

图2-3-17 海水海砂的实物图

海水海砂相比传统的天然河砂具有一些显著的特点和优势：

1）资源丰富：海洋是地球上覆盖面积最大的水体，其中的海水海砂资源广泛分布，尤其是在世界各大洋的大陆架和海底地区，资源潜力巨大。

2）环境友好：海水海砂的开采不会破坏陆地生态环境，也不会像河砂开采那样引起河流生态系统的破坏，对水资源的影响相对较小。

3）可再生性：海水海砂是一种可再生资源，其生成速度远快于传统天然砂石，有助于减缓自然砂石资源枯竭的问题。

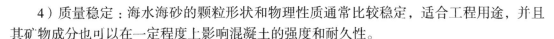

4）质量稳定：海水海砂的颗粒形状和物理性质通常比较稳定，适合工程用途，并且其矿物成分也可以在一定程度上影响混凝土的强度和耐久性。

海水海砂在混凝土生产中可以部分或完全替代传统的天然河砂，用于制备混凝土原料中的砂料部分。其应用主要体现在以下几个方面：

1）混凝土的配合比设计：工程师和设计师可以根据海水海砂的物理特性和化学成分，设计合适的混凝土配合比，以满足不同工程项目对混凝土强度、耐久性和成本效益的要求。

2）混凝土强度特性：海水海砂可以通过控制颗粒形状和粒径分布，优化混凝土的力学性能，提高混凝土的抗压强度和抗拉强度。

3）耐久性改善：海水海砂中含有的特定矿物物质，如含量较高的石英和长石等，有助于改善混凝土的耐久性，减少混凝土在恶劣环境条件下的侵蚀和老化速度。

4）成本效益：海水海砂的使用可以有效控制混凝土生产的成本，特别是在沿海地区或靠近资源丰富区域，其成本相对于传统砂石可能更为经济。

海水海砂作为混凝土材料的一部分，对混凝土的性能有着直接的影响：

1）强度与耐久性：海水海砂的颗粒大小和形状直接影响混凝土的力学性能，合适的颗粒分布和含量可以提高混凝土的抗压强度和耐久性。

2）水泥需求量：海水海砂的使用可以在一定程度上降低混凝土中水泥的用量，因为其作为砂料的一部分，能够减少混凝土的材料成本和碳排放量。

3）工程应用适应性：海水海砂不同于传统河砂的物理性质和矿物成分，需要工程师在配合比设计和施工过程中考虑其特殊性质，以确保混凝土的整体质量和可靠性。

海水海砂的应用不仅可以满足建筑业的需求，还符合可持续发展和环境保护的理念：减少对天然河砂等有限资源的开采，有助于保护河流生态系统和水资源，减少土地环境破坏的风险；海水海砂的生产和运输过程相比传统砂石可能具有更低的碳排放量，有助于减少建筑业的整体碳足迹。海水海砂的合理利用可以促进海洋资源的可持续管理和保护，减少不必要的海底生态系统破坏和污染。

总之，海水海砂作为一种新兴的混凝土原材料，具有丰富的资源、环境友好、可再生等多重优势，其在混凝土生产中的应用有助于推动建筑业向可持续发展的方向转型，为全球建筑业的可持续发展贡献力量。随着技术的进步和市场的成熟，相信海水海砂将在未来取得更广泛的应用和发展。

◆ 2.4 我国绿色低碳原材料分布及利用

我国地大物博，资源丰富，为绿色低碳混凝土的制备提供了丰富的原材料。首当其冲的是矿物掺合料，包括粉煤灰、磨细矿渣、硅灰、黏土、煤矸石等。我国是世界上最大的粉煤灰生产国之一，由于大量的煤矿开采，粉煤灰成为一种大量产生的工业副产品。这些副产品不仅减轻了煤炭工业的环境负担，同时也为绿色低碳混凝土的生产提供了宝贵的原材料。此外，我国的矿渣资源也非常丰富，主要来自冶金和钢铁行业。矿渣在混凝土中可以替代水泥，降低碳排放。与此同时，我国的硅灰资源也十分充足，它是一种活性剂，能够改善混凝土的性能，减少水泥的使用，从而实现绿色低碳混凝土的制备。此外，黏土、煤矸石等资源在我国的储量也十分丰富。

除了工业副产品，我国还拥有丰富的可再生资源，这些资源的利用对于推动绿色低碳混凝土的发展具有重要意义。竹子、秸秆等农业和林业废弃物，可以作为混凝土的骨料，替代传统的砂石，从而减少对自然资源的开采。

在一些地方，废弃的建筑混凝土也得到了有效的再利用，通过破碎和再生处理，可以作为再生骨料用于新的混凝土制备。这种循环利用不仅减少了建筑垃圾的堆积，还减轻了对天然骨料的需求。

我国的绿色低碳混凝土原材料分布存在地域差异，因此在制备绿色混凝土时需要根据当地的资源特点进行差异化选择。例如，在西南地区，竹子等植物资源充足，可作为混凝土的骨料；而在工业发达地区，大量的粉煤灰和矿渣可用于水泥替代，降低碳排放。

面对全球气候变化和资源紧缺的挑战，绿色低碳混凝土的发展势在必行。未来，我国可通过以下几个方向推动绿色低碳混凝土的进一步发展：

1）多元化原材料利用：进一步挖掘和利用各类工业副产品、废弃物和可再生资源，实现原材料的多元化，降低对传统原材料的依赖。

2）技术创新：加大对绿色混凝土技术的研发投入，提高水泥替代材料的利用率，降低生产过程中的能耗和碳排放。

◆ 习题

（1）试叙述混凝土中的几种基本组成材料及其作用。

（2）混凝土对砂、石等骨料的要求有哪些？

（3）简述粉煤灰在混凝土中的作用。

（4）偏高岭土超细粉作为混凝土的矿物掺合料，能改善混凝土的哪些性能？存在什么缺点？

（5）混凝土原材料的低碳化还有哪些措施可以考虑？

第3章 低碳生产技术

◆ **学习目标**

（1）了解并掌握混凝土传统生产工艺及其相关仪器的具体能耗。

（2）了解混凝土工艺中的具体设备及碳排放的相关计算。

（3）了解并掌握低碳工艺技术的具体工艺，以及探讨如何进一步提高混凝土低碳工艺技术。

◆ 3.1 混凝土传统生产工艺

混凝土制品的生产过程是一个复杂而精细的流程，主要包括生产过程的基本组成单元式工序，如原料的粉磨（工艺工序），原料或成品运输（运输工序），原料、半成品或成品的贮存（贮存工序）、质量检查（辅助工序）等环节，其都与最终产品的质量和性能密切相关。从最初的原料选择开始，生产者需要根据产品的设计和性能要求，挑选出合适的原材料，如水泥、砂、石、外加剂等。这些原材料在通过一系列的加工和处理工序后，将被混合并制备成用于制品生产的混合料。

在原料的加工和处理过程中，包括开采、破碎和两磨一烧等环节，这些环节是混凝土制品生产中最为重要的部分，也是碳排放最为集中的环节。例如，开采环节需要使用大型机械和设备，消耗大量的能源和资源，同时产生大量的废渣和废料；破碎和磨细环节也需要消耗大量的能量和水资源，同时产生大量的粉尘和噪声污染；而烧成环节则会产生大量的二氧化碳和其他温室气体。

混合料的制备是混凝土制品生产的另一个重要环节。这一环节需要根据制品的设计要求，将各种原材料按照一定的比例混合在一起，形成可用于制品生产的混合料。混合料的制备需要使用搅拌机械和设备，消耗大量的能源和资源，同时产生大量的废气和废渣。制品的密实和成型是混凝土制品生产中的另一个重要环节。在这个环节中，混合料将被注入模具或传送带上，经过密实和成型成为具有一定形状和尺寸的制品。制品的养护是混凝土制品生产中的最后一个环节。经过密实和成型的制品需要进行适当的养护，以保证其强度和性能达到设计要求。

3.1.1 开采破碎

中国作为当今全球最大的建筑材料生产和消费国，其水泥等原料矿山的年开采规模一直位列世界首位。生产水泥的主要原料包括天然石灰质原料、硅铝质原料、铁质原料。其中，天然石灰质原料主要以石灰岩为主，其次为泥灰岩、大理岩，个别情况下使用白垩、贝壳、珊瑚等。硅铝质原料包括砂岩、粉砂岩、页岩及黏土等。少量使用的铁质原料来源于铁矿山、冶炼厂和化工厂。在水泥生产的主要原料中，石灰质原料占比最大，一般在82%以上，主要以石灰岩为主。

水泥原料矿山多数采用露天开采方式，极少数采用地下开采，露天开采现场如图3-1-1所示。然而，由于地下开采规模小、开采成本高、安全风险大等原因，这种开采方式大多数情况下已被停止。露天矿山的主要作业工序包括穿孔、爆破、铲运、破碎和运输。

图 3-1-1 露天开采现场

在水泥原料矿山开采中，实际剥采比一般不超过0.5∶1，矿山的剥采比普遍较小。产生的剥离物主要包括黏土、泥灰岩、白云岩等。通常情况下，大部分黏土会被用作矿区的绿化以及作为生料中的硅铝质原料进厂使用。泥灰岩和白云岩也会通过资源综合利用方式加以利用，或者将其加工成建筑骨料使用。当矿山需要生产建筑骨料时，一般优先考虑在现有破碎系统后增加筛分系统。当矿山将夹层（废石）加工成建筑骨料使用时，也会建设独立的骨料破碎及筛分系统，以避免对水泥原料的生产带来影响。

粉碎是固体物料在外力作用下克服内聚力而使固体物料破碎的过程。其目的包括增大物质接触表面以促进物理或化学反应，提取块体中的有用物质，以及获得合理的粒度级配。通常将大块物料破裂成小块的过程称为破碎，将小块物料破裂为细末的过程称为粉磨。在水泥原料矿山中，原料经过采集和预处理后，进入破碎阶段。

为了适应不断扩大的矿山开采规模，矿山作业的机械化水平不断提升，其中包括爆破作业也逐渐实现了机械化。目前，炸药混装车的应用已成为高效率装填炸药施工的标准做法，以满足快速作业的需求。在水泥原料矿山开采过程中，传统的柴油动力设备仍然占据主导地位，这些设备在运行过程中消耗大量柴油等化石燃料。化石燃料的燃烧不仅效率低下，而且会产生大量碳排放，成为矿山开采环节中最主要的直接碳排放源。

为了减少对化石燃料的依赖，电力驱动的新型开采设备正在被越来越多地引入到大型露天矿山中。例如，电铲设备被广泛用于铲装作业，而电力驱动的固定空压机站则实现了夜间运行和压缩空气的存储。白天，这些储存的压缩空气通过管道输送到采场的风动钻机，用于风动钻进行穿孔作业。此外，随着电池技术的不断进步，新能源开采设备也开始崭露头角。这些设备利用电池储能作为动力源，如适用于重载下坡运输的新能源矿车，它们不仅提高了作业效率，还显著降低了碳排放，为矿山的可持续发展提供了新路径。

3.1.2 两磨一烧

水泥的生产过程包括三个主要阶段，即"两磨一烧"。具体步骤见表3-1-1。

两磨一烧具体生产步骤 表 3-1-1

生产阶段	具体步骤
生料粉磨	灰质原料和黏土质原料经过破碎或烘干后，按照一定比例配合并磨细，制备成分合适、质量均匀的生料，这个阶段称为生料粉磨。在水泥生产过程中，生料粉磨是非常重要的一步，它直接决定了水泥的化学成分和最终的物理性质
熟料煅烧	将生料加入水泥窑中煅烧至部分熔融，得到以硅酸钙为主要成分的水泥熟料，这个阶段称为熟料煅烧。熟料煅烧是水泥生产的核心环节之一，需要在高温下进行长时间的煅烧过程。通常，生料会被送入一台水泥窑中，在高温下（约1450℃）进行煅烧。在此过程中，石灰石和黏土中的化学成分会发生反应，生成新的化合物，最终熟化成块状的泥熟料
熟料粉磨	熟料加入适量的石膏，有时还加入一些混合材料，共同磨细为水泥，这个阶段称为熟料粉磨。磨细后的水泥粉末需要进行筛分，以去除不需要的颗粒和确保粒度均匀

具体生产示意图如图3-1-2所示，在两磨一烧过程中，矿物原料的碾磨和混合需要消耗大量的电力和燃料，其中燃料主要来自于煤炭和天然气等化石燃料。这些化石燃料的燃烧会释放大量的二氧化碳和其他温室气体，导致碳排放的增加。以煤炭为例，2019年我国水泥工业煤炭消耗量达到2.5亿t，其中煤炭的燃烧会产生大量的二氧化碳。据统计，每吨水泥的生产，会产生0.7 ~ 0.9t的二氧化碳排放。

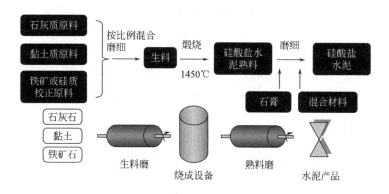

图 3-1-2 两磨一烧示意图

3.1.3 配料、浇筑及养护

混凝土的生产和施工过程包括配料、搅拌、运输、浇筑和养护等阶段，如图3-1-3所示。在配料阶段，原材料按照一定比例精确搭配，需要严格控制每种原材料的质量和比例，以确保混凝土的均匀性和稳定性。进入搅拌阶段，混凝土原材料在搅拌设备中进行充分混合。搅拌过程中，需要添加水，确保搅拌时间和速度恰当，使得原材料充分混合，形成均匀的浆体。混凝土通过搅拌车或泵车运送至施工现场，运输过程中需要注意避免混凝土的分层，确保其均匀性和质量不受影响。在浇筑阶段，混凝土被倒入预先准备好的模具或工程结构中。浇筑过程中需要控制浇筑速度和振动，确保混凝土充分填满模具，尽可能排除空气，减少成型后混凝土结构中孔隙的生成。这一过程需要工人们的密切配合和经验积累，以确保浇筑质量。浇筑完成后，混凝土需要进行养护，以保持其湿润状态。养护过程可使用覆盖湿布、喷水或专用的养护剂等，持续一定时间，直到混凝土达到设计强度和耐久性要求。混凝土生产和施工过程中需要严格控制各个环节，确保混凝土的质量和稳定性，以满足建筑物的强度和耐久性要求。

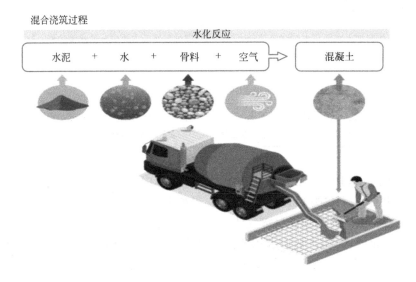

图 3-1-3　配料及浇筑示意图

水泥的生产过程是混凝土生产中能源密集型的环节之一，排放出大量的二氧化碳等温室气体，进一步加剧了气候变化问题。混凝土生产过程会产生大量的废弃物，包括粉尘、废水和废渣等，如果不得当处理，可能会对周围环境造成污染，影响土壤和水质。

3.1.4　能耗使用

为了满足日益扩大的水泥规模建设需求，需要实现对混凝土生产环节中各个工序的机械化水平，大大增加以满足高效率的作业需求。下面对各个工艺环节的设备及其能耗分别进行介绍。

（1）穿孔工艺

矿用钻机是露天矿山开采的主要穿孔设备，无论潜孔钻机还是牙轮钻机，其穿孔原理都是由旋转的钻具冲击、切割破碎岩石，经压缩空气排出破碎的岩渣而形成炮孔。安装在钻机上的空气压缩机为排渣提供风源，其性能直接影响钻孔效率和成本。当前露天矿山穿孔机大多选用螺杆式空气压缩机作为钻机的动力设备。原因是螺杆式空压机有供风能力强，运行噪声低，工作性能可靠，工作效率高等优点。螺杆空压机与调压阀、压力表、油

气分离器、截止阀、管路等组成钻机的风压系统，以满足穿孔机工作供风的要求。主要的钻孔设备有潜孔钻机、回转式钻机、牙轮钻机等。不同穿孔设备的动力来源不同，碳排放源主要来自柴油燃烧及电力使用。目前主流中高风压潜孔钻机的柴油消耗为 $1.6 \sim 2.5$ L/m。

（2）爆破工艺及爆破材料

用于矿山开采爆破、工程施工爆破作业的工程炸药，质量和性能对工程爆破的效果和安全均有较大的影响，因此为保证获得较佳的爆破质量，被选用的工业炸药应满足如下基本要求：

用于矿山开采和工程施工的工程炸药，其质量和性能对爆破效果和安全有较大的影响。为了获得最佳的爆破质量，所选用的工业炸药应该满足以下基本要求：

1）爆速、爆压和威力：选择具有较高爆速、爆压和威力的炸药，可以提高爆破效果，减少爆破作业的风险。

2）炸药的感度：感度是指炸药受到外部刺激（如撞击、摩擦、振动等）时发生爆炸的难易程度。选择不易受外界刺激而发生爆炸的炸药，可以增加爆破作业的安全性。

3）炸药的猛度：猛度是指炸药在单位体积内所具有的能量，通常用 gTNT 当量表示。选择高猛度的炸药，可以提供更高的能量，从而提高爆破效果。

4）炸药的含水量：炸药的含水量会影响其爆炸性能和安全性。一般而言，炸药的含水量越高，其爆炸性能越差，同时也更易引起安全事故。因此，应选择含水量较低的炸药。

5）炸药的粒度：炸药的粒度会影响其爆炸效果和飞散性。选择适当的粒度，可以使爆炸更加充分，同时也可以降低飞散性，提高爆破作业的安全性。

6）炸药的类型：不同类型的炸药适用于不同的爆破作业环境。应根据具体情况选择适合的炸药类型，以提高爆破效果和安全性。

常用的炸药有膨化硝铵炸药、铵油炸药、粉状乳化炸药和乳化炸药。现场混装炸药车也在大型矿山开采的装药施工作业中得到广泛应用，可以大大提高效率，降低炸药运输过程中的安全风险。起爆器材常用非电毫秒雷管、导爆索等。随着技术进步，更为安全及高精度的数码电子雷管也逐渐在水泥原料矿山的爆破施工中推广应用。爆破施工工艺的碳排放源主要是炸药，以及为爆破施工服务的混装车的机械设备。

（3）铲运工艺

铲装工作是指用采装机械从工作面将矿岩从整体中（中等硬度以下的矿岩）或自爆堆中，爆破成适当块度的矿岩装入运输工具，或直接排卸到一定地点的工作。它是露天开采全部生产过程的中心环节，其效率直接影响矿山生产能力、矿床开采强度及最终经济效益。

现代大型露天矿山使用的装载设备主要有电铲、液压挖掘机和轮式装载机三种。电铲一直是大型和超大型露天矿山的主导装载设备，但液压挖掘机和轮式装载机具有机动灵活、作业效率高、设备更新快、易于实现自动控制等特点。随着近代挖掘机和轮式装载机制造技术的进步，大斗容轮式装载机和液压挖掘机这两种装载设备已经逐渐开始进入大型露天矿山市场。

该工艺碳排放主要来源为电力消耗和柴油消耗。电铲及电动液压挖掘机的碳排放来源主要为电力消耗；以柴油为动力源的液压挖掘机及轮式装载机的碳排放来源为柴油燃烧产生的温室气体，中型及以上挖掘机的柴油消耗取决于挖掘效率，在0.06～0.09kg/t之间。露天开采的主要工艺实景图如图3-1-4所示。

(a) 穿孔工艺

(b) 爆破工艺

(c) 铲运工艺

图3-1-4 露天开采的主要工艺实景图

（4）采场运输工艺

水泥原料矿山一般为山坡露天矿山，按照水泥原料矿山常用的开阔系统，其显著特点是矿石的运输大多是重载下坡的运输方式，一般采用矿用自卸汽车运输。非公路矿用自卸车主要有柴油动力车辆，油耗通常为0.07～0.10L/（t·km），60t载重量纯电动矿用车重载下坡1.5～2.0km的耗电量为0.02～0.04kW·h/（t·km）。

（5）两磨一烧

粉磨分干法和湿法两种。干法一般采用闭路操作系统，即原料经磨机磨细后，进入选粉机分选，粗粉回流入磨再行粉磨的操作，并且多数采用物料在磨机内同时烘干并粉磨的工艺，所用设备有管磨、中卸磨及辊式磨等。湿法通常采用管磨、棒球磨等一次通过磨机不再回流的开路系统，但也有采用带分级机或弧形筛的闭路系统的。生料粉磨系统碳排放主要来源于生料粉磨过程中主机和系统设备的电力消耗，因此如何降低生料粉磨系统的电耗成为其碳减排的关键，生料消耗系数取1.53，全国电网CO_2平均排放因子按0.6101kg/（kW·h）来计算，不同生料粉磨系统熟料CO_2排放量有所不同，其中管磨系统为18.7～23.3kg，立磨系统为13.1～15.9kg，辊压机系统为11.2～14.0kg。由此可知管磨系统的CO_2排放量最高，辊压机最低。从低碳的角度考虑，对生料系统的设备选型而言，应优先选择辊压机和立磨机。

熟料煅烧是水泥熟料生产的核心环节。在煅烧过程中，生料经过高温焙烧，发生一系列物理化学变化，形成水泥熟料。下面将分别介绍熟料煅烧过程中涉及的相关仪器设备及其相应能耗：

1）预热器

旋风预热器是新型干法水泥生产工艺过程中最主要的设备之一，它主要承担着生料的预热。最早的旋风预热器是四级旋风筒，而普遍认为五级预热器的生料预热效果以及节能效果要优于四级。但随着水泥生产企业竞争日益激烈，必须采用新型节能技术及装备来降低生产线的能耗，六级预热器技术提供了一种解决方案。

目前，在现代化新型干法水泥生产中，预热器系统的级数已经普遍达到了六级或更多。六级预热器是较为常见的配置，因为它在预热效率和节能效果上达到了较好的平衡。然而，随着技术的进步和企业对水泥生产能效要求的提高，也有不少水泥生产线采用了七级、八级甚至九级预热器系统。

高级别的预热器系统能够提供更高的预热温度，从而降低生料进入水泥窑时的温度，减少燃料消耗，提高热效率。但是，预热器级数增加也会带来设备复杂度提高、投资成本增加和维护难度加大等问题。因此，具体采用多少级预热器系统，需要根据生产线的实际情况、技术经济分析以及环保要求等因素综合考虑。因此，对于具体工厂来说，不是级数越多越好，而是存在着一个最佳级数。以5000t/d水泥熟料生产线为例。预热器级数的主要能耗见表3-1-2。

预热器级数的主要能耗

表3-1-2

类别	四级	五级	六级
热耗（kJ/kgcli）	3324	3132	3015
标准煤耗（kJ/tcli）	113.6	107	103
发电量（kW·h/tcli）	43.6	31.02	24.13

2）分解炉

预分解技术是当今水泥工业用于煅烧水泥熟料最为先进的工艺技术，具有高效、优质、低耗等一系列优良性能，它的诞生和发展代表着国际水泥生产的先进水平。由于分解炉技术的核心设备，主要承担着预分解系统中繁重的燃烧、换热和碳酸盐分解任务。

分解炉是把生料粉分散悬浮在气流中，使燃料燃烧和碳酸钙分解过程在很短时间（一般1.5～3s）内发生的装置，如图3-1-5（a）所示，是一种高效率的直接燃烧式固相一气相热交换装置。在分解炉内，由于燃料的燃烧是在激烈的紊流状态下与物料的吸热反应同时进行，燃料的细小颗粒呈一面浮游，一面燃烧的状态，使整个炉内几乎都变成了燃烧区。所以不会形成可见火焰，而是处于820～900℃高温无焰燃烧的状态。经过预热分解后物料入窑温度可达860 ~ 895℃，入窑生料分解率达80% ~ 90%，热耗约为4810kJ/kg。

3）回转窑

回转窑是一种用于高温处理物料的旋转设备，它在水泥生产中主要用于煅烧生料以形成水泥熟料，同时实现热交换和化学反应。水泥回转窑本身有一定的斜度，通过轮带放置在若干对拖轮上的旋转圆筒体，其内壁上镶砌有耐火砖，如图3-1-5（b）所示。自回转窑问世以来，虽然水泥工业生产技术已历经多次重大革新，但它仍然是水泥煅烧的关键技术装备。其功能主要表现在四个方面：一是作为燃料燃烧装置，具有广阔的空间和热力场，可以供应足够的空气，装设优良的燃烧装置，保证燃料充分燃烧；二是作为热交换装置，具有均匀的温度场，可满足水泥熟料煅烧的要求。三是作为化学反应器，满足熟料矿物对热量、温度及时间的不同要求；四是作为输送设备，物料在窑内的填充率、窑斜度和转速度是很低的，回转窑除煅烧水泥熟料外，还用来煅烧黏土、石灰石和矿渣烘干等，具有更大的潜力。回转窑窑径越大，其所承受的热能耗越大，产量就越高。

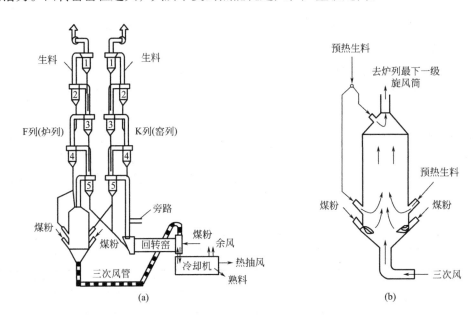

图 3-1-5　分解炉与回转窑示意图

4）水泥粉磨

在水泥生产过程中，粉磨所消耗的电力约占水泥生产总电耗的70%。而水泥粉磨电耗约占水泥生产总电耗的40%。我国水泥粉磨系统的电耗大部分为25 ~ 35kW·h/t。水泥粉磨电耗占水泥生产过程中总电耗的三分之一以上。水泥粉磨系统电耗较高也意味着还存在一定的节能改进空间。

（6）配料、浇筑及养护

在配料阶段，一个典型的混凝土搅拌站每小时可能消耗100 ~ 200kW·h的电能，同时每立方米混凝土的生产还需要0.1 ~ 0.3kg的煤或天然气作为燃料，用于加热水和干燥骨料。在浇筑阶段，一台混凝土泵的运行每小时消耗30 ~ 50kW·h的电力，而混凝土输送带每小时的电耗则可能为 $10 \sim 20 kW \cdot h$，具体取决于其运行的速度和负载。养护阶段的能耗相对较低，但也不可忽视。例如，对于养护一个大型混凝土板的温度控制和湿度维持，可能需要每天消耗几十至上百千瓦时的电能，以及大量的热水和其他能源来维持良好的养护环境。

3.2　碳足迹计算

水泥作为混凝土中碳排放量最大的组分，是重点需要关注的低碳任务目标。水泥的碳足迹评价主要由原材料开采、生料破碎、生料粉磨、预热和预分解、熟料烧成、冷却混合、水泥粉磨和储存出厂8个工序组成。其中，水泥生命周期中碳排放量的评估，来自六个独立的碳排放来源：原材料的 CO_2（RM_{CO_2}）、能源 CO_2（FD_{CO_2}）、电力 CO_2（ED_{CO_2}）、运输 CO_2（TD_{CO_2}）、混凝土生命周期的 CO_2（LC_{CO_2}）和混凝土碳沉淀（CS_{CO_2}）。水泥生产产生的 CO_2，包括 RM_{CO_2}、FD_{CO_2}、ED_{CO_2} 和部分 TD_{CO_2}，直接碳排放包括 RM_{CO_2}、FD_{CO_2}，因为电力衍生的 CO_2，和交通运输的 CO_2 是能源燃烧和交通运输直接排放的，在整个社会碳排放核算中已经计入了能源和交通领域，净碳排放包括 RM_{CO_2}、FD_{CO_2} 和 CS_{CO_2}。

（1）原材料的 CO_2

原材料碳排放（RM_{CO_2}）的计算见式（3-2-1）：

$$RM_{CO_2} = M_{CaO} \times \frac{44}{56} R_{CaCO_3} + M_{MgO} \times \frac{44}{40} \times R_{MgCO_3} \qquad （3-2-1）$$

式中：M_{CaO} 和 M_{MgO}——熟料中 CaO 和 MgO 的质量；

$\quad\quad\quad$ R_{CaCO_3} 和 R_{MgCO_3}——碳酸钙和碳酸镁中钙和镁的质量。

波特兰水泥熟料中 M_{CaO} 和 M_{MgO} 通常是65%和1.8%。由于各种固体废物，例如电石渣、石膏、硅灰石、煤粉和钢渣等也会用作钙质原料或带入少量钙质成分，这些钙原料在烧结过程中不会产生 CO_2，R_{CaCO_3} 被设定为95%。考虑钙原料中的镁大多数来自白云石，黏土中的镁主要来自水镁石，R_{MgCO_3} 被设定为75%。从式（3-2-1）可知：生产每吨熟料可产生0.5t的 CO_2。

在2001年，据评估在全球范围内每吨熟料也可产生0.5t的 CO_2。在中国硫铝酸盐水泥（占水泥总产量的0.8%）需要更少的石灰石，磷石膏主要用于联合生产过程中，例如作为生产水泥的原料之一，同时磷石膏也可以用于回收硫酸的生产或用于生产石灰和硫酸等产品，都可以减少 CO_2 排放；中国生产中低热水泥中的 CaO 含量较低。因此，中国水泥工业的 RM_{CO_2}，平均值应小于0.50t/kg熟料是比较客观的。

（2）能源 CO_2

FD_{CO_2} 是用于生产水泥熟料和机械的燃料燃烧排放的 CO_2（不包括原材料道路运输所需燃料，已计算在 TD_{CO_2} 中），可以按式（3-2-2）进行计算：

$$FD_{CO_2} = \frac{P}{29.307} \times EF_{coal} + V_{diesel} \times EF_{diesel} / 1000 \qquad （3-2-2）$$

式中：$\quad$ FD_{CO_2}——燃料中的碳排放量；

$\quad\quad\quad$ P——熟料系统中消耗的热能，包括回转窑、预热器和分解炉中每吨水泥熟料消耗的热能；

V_{diesel}——水泥生产过程中机器所使用的柴油量；

EF_{coal} 和 EF_{diesel}——标准煤和柴油的碳排放系数，每吨标准煤 EF_{coal} 排放 2.4567t CO_2，而每升柴油 EF_{diesel} 排放 2.764kg CO_2。

熟料煅烧过程所需的热能是由原料吸热反应所需要的，形成稳定的水泥熟料所需温度达 1450℃。因此每吨水泥熟料若完成这个工序，在理论上需要的热能为 16.5 ~ 18.0 亿 J。水泥熟料烧结过程中消耗大量能量。水泥熟料需要的额外能量取决于原料中的水分含量，每吨水泥熟料需要的额外能量为 2 ~ 10 亿 J（对应于 3% ~ 15% 的水分含量），一些输入的能量通过高温烟气、冷却器及窑壳散失。能量损失还取决于回转窑的类型和回转窑的大小。分解炉及大型窑都具有较高的热效率，燃料排放的 CO_2 主要是来自水泥熟料的烧结。

（3）电力 CO_2

ED_{CO_2} 是水泥生产过程中电力消耗产生的碳排放量，包括露天采石、原料粉碎、生料研磨、熟料煅烧、熟料研磨和水泥包装。

计算公式如下：

$$ED_{CO_2} = \sum M_i \times EI_i \times EF_{electricity} \qquad (3-2-3)$$

其中：M_i——i 过程中生产 1t 熟料需要原料的质量；

EI_i——i 过程中使用的电力；

$EF_{electricity}$——每消耗 1kW·h 电排放的 CO_2 系数。

用于生料研磨和熟料粉磨的电力分别是 12 ~ 22kW·h/t 和 28 ~ 55kW·h/t。目前清洁能源的比重在进一步加大，排放系数也正在降低。

（4）运输 CO_2

交通运输产生的 CO_2（TD_{CO_2}）可以写为：

$$TD_{CO_2} = \sum M_i \times D_i \times FC \times EF_{diesel} \qquad (3-2-4)$$

式中：FC——运输中消耗的能源（2011 年，在中国每运输 10 万 t 约消耗 6.03L 的能源）；

D_i——运输过程中的距离。

该胶凝材料可以通过公路、铁路或船舶运输。平均运输距离是原料行驶 10km，石膏和煤行驶 300km，矿物掺合料行驶 20km，废矿物掺合料行驶 50km，水泥运输 80 ~ 120km，新拌混凝土及拆除混凝土运输分别是 30 ~ 50km 和 50km。燃料消耗目前高于其他发达国家，但是最近改善公路系统和大型专业车辆的使用将减少运输成本。可分别计算水泥生产和混凝土生命周期内的 TD_{CO_2}。

（5）混凝土生命周期的 CO_2

为了简化计算过程，本文没有计算其他相关集料的碳排放量。水可确保混凝土的和易性、水泥水化反应及混凝土的强度发展，在混凝土生命排放周期中需要合理地估算水的排放量。因此，在混凝土生命周期中水泥的物料流是水泥浆体的质量。研究发现：在混凝土的拌和、浇筑、拆除过程中产生的 CO_2 量分别为：0.0004kg CO_2/kg、0.0025kgCO_2/kg、0.000538kg CO_2/kg。

计算混凝土使用寿命期内或填埋后通过碳化作用产生的碳沉淀，瑞典科学家估计原料脱碳产生的50%～57%的CO_2在100年内碳化，也有一些更为乐观的估算文献。本文中在混凝土制备后100年（使用寿命期内或拆除后），每吨熟料可进行碳沉淀，产生275kg CO_2的碳排放。水泥生产直接碳排放、水泥生产过程碳排放、水泥生产净碳排放及水泥生命周期碳排放分别采用式（3-2-5）、式（3-2-6）、式（3-2-7）和式（3-2-8）进行评价：

水泥生产直接碳排放：

$$CO_2 = RM_{CO_2} + FD_{CO_2} \tag{3-2-5}$$

水泥生产过程碳排放：

$$CO_2 = RM_{CO_2} + FD_{CO_2} + ED_{CO_2} \tag{3-2-6}$$

水泥生产净碳排放：

$$CO_2 = RM_{CO_2} + FD_{CO_2} + ED_{CO_2} + TD_{CO_2} + CS_{CO_2} \tag{3-2-7}$$

水泥生命周期碳排放：

$$CO_2 = RM_{CO_2} + FD_{CO_2} + ED_{CO_2} + LCC_{CO_2} + TD_{CO_2} + CS_{CO_2} \tag{3-2-8}$$

采用以上方法可以计算出单独的水泥企业的碳足迹以及全国平均情况的熟料、硅酸盐水泥和通用硅酸盐水泥的平均碳足迹。

3.3 混凝土工业低碳技术

混凝土工业的低碳技术革新对于推动建筑行业的可持续发展具有重要意义。本章将探讨一些创新技术，旨在降低混凝土生产过程中的碳排放，实现环境保护与经济发展的和谐共生。

3.3.1 先进节能工艺技术

在水泥产量逐步稳定的情况下，通过采取有效的节能工艺技术，预计未来十年，我国水泥行业能源消耗和排放会显著下降，2030～2040年，能耗消耗和排放呈现缓步下降趋势。除去水泥产量影响，在新技术的加持下，总体上水泥行业能耗和排放水平呈下降趋势，有研究表明，未来我国水泥行业能耗节约潜力可达11.73%～12.68%，整体上，二氧化碳的排放水平减排潜力可达12%～13.3%，二氧化硫减排潜力为31%～35%，氮氧化物减排潜力为29%～33%。

（1）预热器分解及先进烧成技术

水泥熟料煅烧工艺中，旋风预热器、分解炉、篦冷机等关系到整个水泥生产工艺的能耗水平。

旋风预热器的主要功能是保证生料在回转窑和分解炉内排出的炽热气流处于分散与悬浮状态，并与来自窑尾的高温气流进行热交换，对生料进行充分的预热，保证生料中碳酸钙分解。同时旋风预热器具有气、固分离功能，负责生料粉的层层收集，并输送至分解炉或回转窑。而分解炉是在旋风预热器与回转窑之间增加一个新热源，将生料中碳酸钙分解过程提前到窑外进行，加快生料的分解，并提高生料分解率，承担了原来在水泥回转窑内进行的大量碳酸钙分解任务。大部分燃料从分解炉内加入，改善了水泥回转窑系统内的热力分布，减轻了窑内耐火材料的热负荷。二代水泥技术对旋风预热器提出了明确的要求，在现有技术的基础上，要实现六级旋风预热器的技术突破。目前技术上已经实现了高效六级预热器的开发与应用，水泥旋风预热器出口温度达到了250～270℃，六级旋风预热器出口阻力≤5000Pa，技术指标达到了国际领先水平。在分解炉研究方面，通过分解炉原理研究及流场模拟试验，人们已完成了适应不同燃料的多型号炉型设计，有效提高了分解炉的适应性，并改善了分解炉性能。同时针对分解炉的分级燃烧改造，技术已较为成熟，通过对分解炉喷煤管位置及三次风管位置的改造，达到调整分级炉还原区，降低氮氧化物排放的目的，在当前环保要求标准日益提高的情况下，发挥了重要的作用。

在水泥回转窑技术升级方面，强化煅烧的两挡支撑短回转窑技术同样具有显著的技术优势，两挡短窑指的是长径比小于等于12.5的回转窑，两挡窑及常规三挡窑中物料停留时间及温度分布情况如图3-3-1所示。目前新型干法水泥是我国主流的水泥生产工艺，其装备的水泥窑是和预分解旋风预热器共同配合，生料在悬浮状态下的传热速率相比较回转窑内物料接触传热速率大大提高，在旋风预热器技术不断发展的今天，为回转窑内的物料煅烧提供了很好的前提条件。经过技术研发及应用表明，两挡短窑可降低能源消耗，降低窑表面能源损失约3kcal/（kg·cl）；可提高熟料质量，并对原料和原煤的适应性更强；两挡短窑的砖耗显著降低，达到0.15～0.2kg/（t·cl），相比国际先进指标可降低约60%。

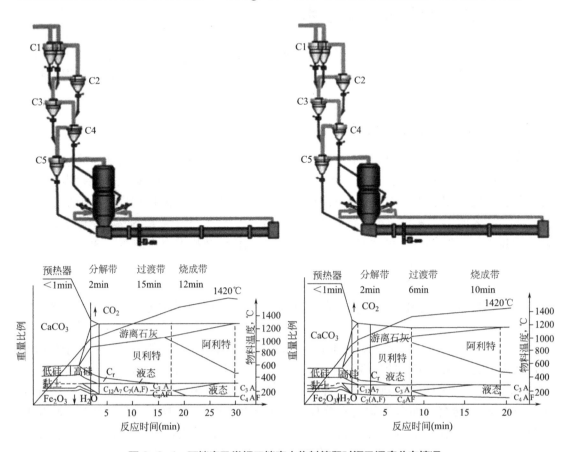

图3-3-1　两挡窑及常规三挡窑中物料停留时间及温度分布情况

熟料篦冷机是水泥生产重要的工艺设备，对窑内提供必要的二次风和三次风，并对熟料急冷，急冷过程中，可防止新产出的水泥熟料C_3S矿物晶体长大，提高水泥熟料活性，阻止β-C_2S向r-C_2S的转变，保证熟料强度，兼顾水泥窑热回收和熟料输送设备功能，把篦冷机称作水泥窑熟料生产的发动机恰如其分，篦冷机运行的状态，直接关系到水泥生产的能耗水平。熟料的冷却设备从单筒冷却机、多筒冷却机、篦式冷却机、二三代篦冷机、再到最新的四代篦冷机，设备结构不断进行升级，其能耗和热回收效率均有了较大程度的提高，目前国际先进水平的篦冷机的热回收效率已达到75%以上，保证了充足的二次风、三次风入窑及分解炉助燃，在能耗方面，篦冷机电耗已经可以做到5kW·h/t以内，达到了新的节能水平。

（2）粉磨设备相关节能技术

二代水泥技术提出了高效节能料床粉磨技术的开发，主要针对水泥立磨机。终粉磨技术和辊压机终粉磨技术提出了优化要求，形成了针对现有料床粉磨技术的优化提升技术。但在实际的水泥生产中，除非是新建生产线，或是进行大规模的设备更换升级改造，改变生产工艺改造等，一般仍是在原有水泥粉磨工艺不变的情况下，进行节能的相关改造。亟需技术人员深入研究现有工艺线技术特点，研究节能改造方法。以下简单举例：水泥生产中经常采用回转下料器作为立磨入磨锁风设备，利用回转下料器的叶轮阻隔立磨与外部空气，受限于自身结构设计影响以及间隙控制精度问题，下料器内套、叶轮等极易磨损，造成间隙加大，进而造成漏风，漏入的空气将直接增加生料粉磨系统循环风机和窑尾废气系统排风机的负荷，导致磨机电耗提高。同时，入磨物料如果比较湿，极易造成下料器内粘结，冬季时受天气寒冷影响，冻结粘料情况更为严重，造成立磨喂料困难，锁风阀频繁卡跳停机，严重影响立磨的连续稳定运行，进一步提高了磨机电耗。近些年随着锁风技术的创新发展，出现了新式密封转子喂料机，如图3-3-2所示。利用料封原理，在密封喂料机称重仓内保证稳定的料位，并通过稳定的料位实现料封，减少系统漏风，进而降低现有立磨系统循环风机及窑尾排风机负荷，降低系统电耗约0.2kW·h/t，窑尾氧含量可降低1.5%以上，节能效果显著。

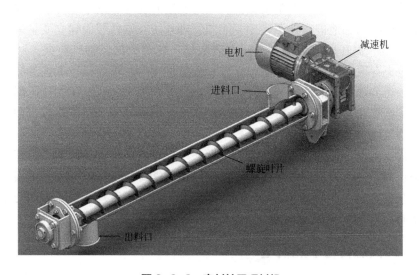

图3-3-2　密封转子喂料机

（3）智能化节能技术

水泥制造业是一个能源消耗密度较大的行业，由于水泥行业特殊的工艺技术特点，水泥熟料烧成需要燃煤消耗，涉及的两磨工艺也都是电能消耗，能源消耗大可占到水泥生产成本的40%～70%，故能源消耗也是水泥生产成本中最大的可控成本。通过对节能改造持续投入，可降低能耗成本。另外，从精细化的能源管理和智能化的控制方面，可极大提高能源使用效率，进而可实现水泥行业的降本增效。水泥工厂数字化生产系统示意图见图3-3-3。

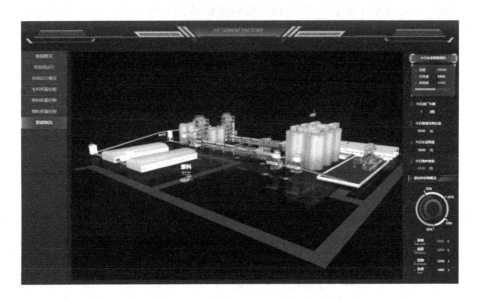

图 3-3-3　水泥工厂数字化生产系统示意图

我国当前的大部分新型干法企业，所装备的工艺设备均比较先进，但在能源管理方面，大部分仍在采用传统的人工统计分析方法，这种方法不但效率低，同时还存在较大的滞后性，距离精细化的能源管理仍相差较远。目前已实现数字化转型的水泥智能工厂，均以能源管理系统作为智能工厂的基础性模块，并设置有能源管理中心，通过建立相关的能源管理体系，及时精细地进行能源管理。能源管理系统在硬件层面建立变量采集系统，包括生产DCS数据、高压电表数据、低压电表数据、化验数据、物流数据，通过专用网络进行汇集并分类存取。之后，建立能源管理系统软件平台，平台具备工艺参数存储、分析和查询功能，将各种能源消耗数据进行分类展示，并根据工艺状况建立分析图表，如峰谷平运行情况、空负荷运行情况分析等，方便操作员、工程技术人员进行分析和查询。具备生产调度管理模块，对各种库存、产量、单耗等数据进行列示分析，为生产调度和各级管理人员决策提供依据。以上的各种功能可帮助各级管理人员掌握能源消耗的即时数据，并消除工艺调整的滞后性，保证最优的运行状态。利用能源管理系统平台，可实现用能管理的精细化，获得实实在在的节能效益。目前国内领先的能源管理平台，可助力企业能源消耗单耗降低1%～2%，基础薄弱的企业节能效果更好。

3.3.2　替代燃料与余热发电

为了实现减碳目标，水泥行业需要采取措施，而替代燃料和余热发电技术是其中两种有效的手段。

这些替代燃料不仅可以替代部分传统燃料，降低碳排放，还能实现废弃物的资源化利用，提高环保效益。余热发电技术可以在水泥生产过程中利用废弃的热能来生成电力。这不仅减少了能源的浪费，还提高了能源利用效率。通过这种方式，我们可以在保持水泥生产效率的同时，减少其对环境的影响。总的来说，替代燃料和余热发电技术的应用对于推动水泥行业的绿色转型和实现减碳目标具有重要意义。

（1）替代燃料

在水泥行业中，常规燃料主要是煤、天然气和重油等化石能源。然而，这些化石燃料的燃烧会产生大量的废气排放，对环境造成负面影响。为了实现节能减排的可持续发展战略，废弃物替代燃料的协同处置应用技术得到了快速发展和广泛应用，展现出广阔的前景。

1）替代燃料的必要性

在低碳混凝土工业的转型中，替代燃料的使用扮演着至关重要的角色。首先，替代燃料的应用有助于显著降低生产过程中因燃烧化石燃料而产生的温室气体排放，减轻对环境的影响。根据相关研究，替代燃料可以减少高达30%～60%的碳排放量。其次，替代燃料的使用促进了资源的循环利用，通过整合工业副产品或废料，如废轮胎、废油、废木材等，既减少了废物的填埋量，又提高了资源的循环利用率。

此外，替代燃料的成本效益也不可忽视，部分替代燃料的成本低于传统化石燃料，有助于降低生产成本，提高企业的市场竞争力。在全球范围内，环境保护和气候变化的关注促使越来越多的国家和地区通过立法和政策引导，鼓励工业部门减少碳排放，使用替代燃料成为混凝土企业响应政策、实现合规的重要途径。

通过科学化、规范化的方式进行废弃物处理，可以获得减少化石燃料使用、降低燃料总成本、获得可观处置废弃物补贴、减少水泥生产过程中的氢氧化物及二氧化碳排放等诸多收益。这些收益不仅有助于提高企业的经济效益，还可以推动水泥行业的可持续发展。同时，这也有助于保护环境、减少污染、推动绿色发展，为建设美丽中国和实现可持续发展目标做出了积极的贡献。

2）水泥工业中替代燃料种类

在干法水泥工艺生产中，烧成系统的工作环境为处理废弃物提供了适宜的条件。通过有效利用水泥窑协同处置废弃物作为替代燃料，不仅可以减少化石燃料的使用，降低整个燃料使用成本，而且还可以获得可观的废弃物补贴。这些收益不仅提高了企业的经济效益，同时也推动了水泥行业的可持续发展。

为了实现科学化和规范化的废弃物处理，相关企业需要制定相应的处理流程和质量控制措施。通过合理安排废弃物的收集、运输、储存和加工等环节，可以确保废弃物得到高效利用并减少对环境的影响。同时，对于不同来源和性质的废弃物，企业还需要进行分类处理和利用，以实现资源的最大化利用和减少对生产过程的干扰。

在水泥工业中，可处理的替代燃料种类繁多，全球水泥行业燃料用不同种类生物质的占比如图3-3-4所示。根据废弃物的物理状态，可以分为固态、液态和气态废弃物，如表3-3-1所示。这些废弃物经过适当的处理和加工后，都可以作为替代燃料用于水泥生产过程。

废弃物的物理状态与种类　　　　　　　　　　表 3-3-1

废弃物的物理状态	具体种类
固态废弃物	轮胎、包装废料、果壳等生物质废弃物、塑料、干污泥、木料等
液态废弃物	淤泥、废油、沥青浆、废溶剂、化工废料等
气态废弃物	裂解气、垃圾分解废气等

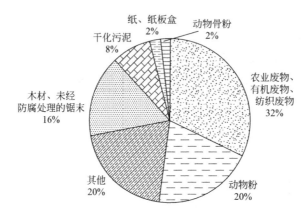

图 3-3-4　全球水泥行业燃料用不同种类生物质的占比

虽然水泥窑具有较强的兼容性，可以处理多种废弃物，但是由于替代燃料物料的均质化程度较差以及生产过程中工艺控制较为复杂等因素，协同处置技术的应用仍面临一定挑战。此外，料源供应的稳定性也会直接影响协同处置技术的推广应用。因此，企业需要根据实际情况制定相应的应对策略，如加强与政府和相关机构的合作、提高技术研发能力等，以确保替代燃料供应的稳定性和协同处置技术的顺利推广。通过科学化、规范化的方式进行废弃物处理，企业可以获得减少化石燃料使用、降低燃料总成本、获得可观处置废弃物补贴等诸多收益。这些收益不仅有助于提高企业的经济效益，同时也有助于推动行业的可持续发展。例如，企业可以利用废弃物作为替代燃料来减少对传统燃料的依赖，从而降低能源消耗和碳排放；同时，通过合理利用废弃物资源，还可以减少对自然资源的开采压力，实现资源的可持续利用。

3）替代燃料的主要途径

水泥回转窑内的气氛温度高、烧成系统内停留时间长以及氧化气氛的特点，为水泥窑协同处置废弃物垃圾作为替代燃料提供了可能性。然而，大部分替代燃料的热值较低、水分含量高、腐蚀性强等特点，会对熟料的产量、质量及烧成系统设备的寿命产生影响。因此，将垃圾引入烧成系统面临着一系列的技术挑战，要求设备具有高度的适应性、工艺操控性以及系统安全性。

从替代燃料产业链的角度来看，从废弃物到能源的转变过程需要经历以下环节：废物来源、废物制备、废料储运、废料分拣、高温焚烧以及质量控制。在这个过程中，生活垃圾处置由垃圾预处理系统、焚烧系统、臭气处理系统、渗滤液处理系统构成。其中，预处理环节至关重要，因为垃圾的分类是否清晰、均质化效果及稳定性都会对烧成系统工况的控制产生重大影响。在预处理环节，需要经过原生态垃圾储存、破碎、发酵、脱水以及长距离输送喂料的处理流程。以秸秆废物为例的替代燃料处理流程为例，图3-3-5展示了从生物质的收获到最终产品的生产过程。首先，通过收获获得生物质；然后进行预处理以去除杂质和水分，得到木质素；接下来，木质素被用于发酵过程，产生乙醇；随后，乙醇通过蒸馏过程被提纯，得到高浓度的乙醇溶液；最后，乙醇可以通过发酵液进一步加工，转化为汽油等燃料产品。

水泥生产过程中需要大量的热源，而分解原料会产生大量气体，替代燃料的复杂成分会大大影响烧成系统的内部环境，降低产能并影响熟料质量。因此，在实际应用过程中，企业需要针对不同的物料设置最佳的投料点以达到最佳效果。例如，丹麦史密斯公司开发了外加热盘炉的处理方式，加大了有效燃烧空间，降低了替代燃料对烧成系统的影响，从而有效提高了燃料替代率。

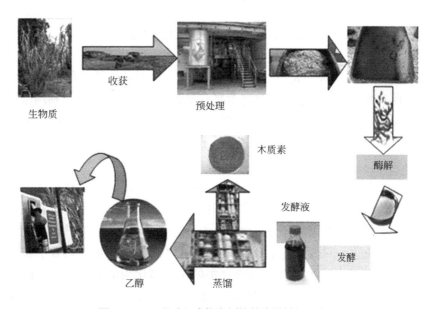

图 3-3-5 以秸秆废物为例的替代燃料处理流程

通过科学化、规范化的方式进行废弃物处理，可以获得减少化石燃料使用、降低燃料总成本、获得可观处置废弃物补贴等诸多收益。这些收益不仅有助于提高企业的经济效益，还可以推动水泥行业的可持续发展。同时，这也有助于保护环境、减少污染、推动绿色发展，为建设美丽中国和实现可持续发展目标做出了积极的贡献。

（2）余热发电

水泥余热发电技术是一种利用水泥生产过程中产生的余热进行发电的绿色技术。在水泥生产过程中，窑头熟料篦冷机和窑尾预热器会排放出大量低于350℃的废气，这些废气所含的热量无法被完全利用。为了有效利用这些废气中的余热，水泥余热发电系统应运而生。该系统通过余热锅炉将这些废气进行加热，生成用于发电的蒸汽。余热锅炉是水泥余热发电的核心设备，它利用废气中的热量来产生蒸汽，然后通过蒸汽轮机将热能转化为机械能，进而产生电能。新型干法水泥低温余热发电系统是在传统新型干法水泥窑基础上，在窑头冷却机和窑尾预热器出口分别加设余热锅炉，余热发电工艺流程简图如图3-3-6所示。

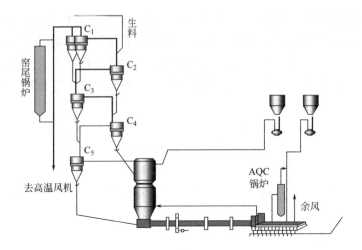

图 3-3-6　余热发电工艺流程简图

这种发电方式不仅提高了能源利用效率，还降低了对传统能源的依赖，减少了碳排放，有利于环保。此外，水泥余热发电技术具有显著的经济效益。通过利用废气中的余热进行发电，企业可以降低能源采购成本，提高能源利用效率，从而获得可观的收益。同时，这种发电方式不需要消耗任何燃料，因此不会产生任何污染，是一种真正的清洁环保的绿色发电技术。

然而，水泥余热发电技术在应用过程中也存在一些挑战。例如，废气中的灰尘和有害气体可能会对余热锅炉和发电设备造成腐蚀和损坏。因此，企业需要采取有效的除尘和净化处理措施，来确保设备的正常运行。此外，由于废气温度较低，余热锅炉的效率可能会受到限制。为了解决这一问题，企业需要采取措施提高余热锅炉的换热效率和蒸汽参数。

总之，水泥余热发电技术是一种将废气中的余热转化为电能的有效手段。它具有节能、环保、经济等优点，是水泥企业实现可持续发展的一种重要途径。通过不断优化技术手段和管理措施，水泥企业可以进一步提高能源利用效率，降低环境污染，实现经济效益和社会效益的双赢。

3.3.3　碳捕集

碳捕集技术（表3-3-2）是一种创新的方法，通过碳捕集技术，将二氧化碳进行捕集和再利用，可以减少水泥行业的碳排放，对环境保护起到积极的作用。碳捕集技术包括多种方法，如吸附法、吸收法、膜分离法等。在水泥行业中，吸附法和吸收法是常用的碳捕集技术。

碳捕集技术　　　　　　　　　　　　　　　　　　　　　　　　　　表 3-3-2

碳捕集技术	具体方案
吸附法	利用固体吸附剂对二氧化碳的吸附作用，将其从废气中分离出来。活性炭、沸石、分子筛、活性氧化铝、硅胶、锂化合物等是常用的吸附剂。这些吸附剂可以吸附二氧化碳，然后通过加热或更换吸附剂的方式将二氧化碳解吸出来，以便进行再利用或储存

续表

碳捕集技术	具体方案
吸收法	利用吸收剂对二氧化碳的吸收作用,将其从废气中吸收下来。常用的吸收剂有乙醇胺、聚乙二醇等。这些吸收剂可以与二氧化碳反应,形成稳定的配合物,然后通过加热或更换吸收剂的方式将二氧化碳解吸出来,以便进行再利用或储存

无论是吸附法还是吸收法,都需要对废气进行预处理,以去除其中的粉尘、水蒸气和其他杂质,以免对吸附剂或吸收剂产生负面影响。此外,吸附法和吸收法都需要消耗大量的能源和水资源,因此需要综合考虑其经济和环境效益。捕集到的二氧化碳可以进行再利用,如用于制造高纯度二氧化碳、干冰等产品。这些产品可以用于制冷、食品保鲜、化工等领域。例如,可以将捕集到的二氧化碳用于制造干冰或液体二氧化碳,这些产品可以用于制冷、食品保鲜、化工等领域。此外,也可以将捕集到的二氧化碳进行压缩处理后储存到地下岩层或海底等地质构造中,以减少二氧化碳的排放,碳捕集的主要利用途径如图3-3-7所示。这种储存方式可以降低大气中的二氧化碳浓度,对于减缓全球气候变化具有积极的意义。

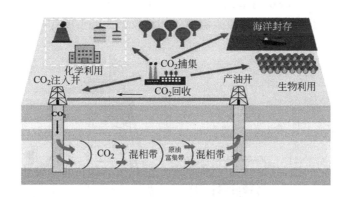

图 3-3-7 碳捕集的主要利用途径

需要注意的是,碳捕集技术虽然具有许多优点,但也存在一些问题和挑战。例如,碳捕集技术需要消耗大量的能源和水资源,可能会增加企业的运营成本。此外,碳捕集技术的设备和管道等也需要定期维护和更换,也会增加企业的运营成本。因此,在推广水泥中的碳捕集技术时,需要综合考虑其经济和环境效益,并采取相应的措施降低其成本和提高效率。同时,政府和企业可以提供相应的政策和资金支持,鼓励水泥企业采用碳捕集技术,共同推动环境保护事业的发展。

◆ 3.4 我国混凝土低碳技术的应用

随着我国经济的快速发展,建筑业已成为推动国民经济增长的重要力量。然而,传统混凝土生产过程中产生的二氧化碳排放问题日益凸显,对环境造成了巨大压力。为实现建筑行业的可持续发展,推动绿色建筑和生态文明建设,混凝土低碳技术已成为建筑行业和基础设施建设中日益受到关注的重要领域。

3.4.1 先进节能工艺技术应用

混烧石灰竖窑及配套超低温烟气处理技术是一项先进的节能工艺技术，其在混凝土工业中的应用具有显著的节能减排效果。该技术通过以下措施优化生产过程：

1）智能清渣系统：通过自动化清渣，提高了窑炉的运行效率和稳定性，减少了因清渣不当导致的能源浪费。

2）炉窑智能运行系统：采用先进的控制系统，实时监控和调整炉窑的运行参数，确保其在最佳状态下运行，从而降低能耗。

3）耐火及隔热复合材料：使用这些材料对窑体进行绝热处理，有效降低了窑体表面的温度，减少了热量损失，提高了热效率。

4）超低温烟气脱硝处理装置：该装置能够在130℃的较低温度下，启动催化剂进行脱硝处理，有效降低了氮氧化物的排放，同时减少了能源消耗。混烧石灰竖窑（图3-4-1）及配套超低温烟气处理技术的应用，不仅提高了生产效率和能源利用率，还显著降低了碳排放，为混凝土工业的可持续发展提供了有力支持。以临朐共享铝业科技有限公司的项目为例，应用这项技术后，每年可节约标准煤1.3万t，并减少CO_2排放3.6万t。这不仅体现了技术的节能潜力，也展示了其在减少温室气体排放方面的重要作用。

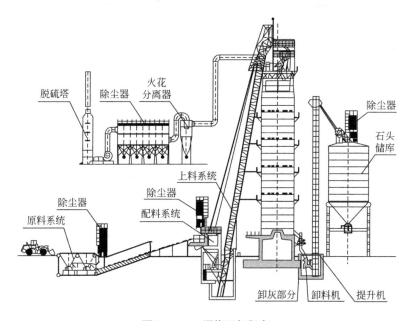

图3-4-1 混烧石灰竖窑

水泥生料助磨剂技术是将助磨剂按掺量0.12 ~ 0.15比例添加在水泥生料中，改善生料易磨性和易烧性，在水泥生料的粉磨、分解和烧成中可以助磨节电、提高磨窑产量、降低煤耗、降低排放、改善熟料品质。在广西都安西江鱼峰水泥有限公司水泥生料助磨剂应用项目中，在不改变现有工艺和设备的情况下，增加水泥生料助磨剂加料系统一套，节约标准煤6355t/年，减排$CO_2$1.8万t/年。

先进节能工艺技术在混凝土工业中的应用实例充分证明了其对节能减排的显著成效。这些技术的采纳，不仅提升了生产流程的效率与产品品质，同时也显著降低了能源消耗和碳排放量，对于促进混凝土工业的可持续发展具有深远的意义。随着技术的持续进步与创新，预计未来将有更多高效节能的技术被研发并广泛应用于实践中，进一步推动混凝土工业向绿色、低碳的方向发展。

3.4.2 替代燃料与余热发电

应用替代燃料降低煤炭使用或提高煤炭燃烧效率备受关注，水泥工业同样如此。虽然理论上减排潜力较大，但我国应用替代燃料的生产线较少，技术推广受到成本和政策的制约。国际能源机构路线图预期世界范围内替代燃料应用会从2006年的3%增至2050年的37%，到2050年达到碳排放总体减少15%的目标。

我国水泥工业开展替代燃料技术研究起步较晚，目前热量替代率不到2%，水泥生产严重依赖煤炭为主的化石能源。与之对比，在欧洲，替代燃料的热量替代率普遍较高，平均为40%，德国、奥地利甚至可以达到70%以上。事实上，我国生产替代燃料可用的资源非常丰富，主要包括工商业和城市固体废弃物、废塑料、市政污泥、废轮胎等。表3-4-1主要展示了水泥行业现有主要的替代燃料的种类及其热值、产品应用情况。

水泥行业现有的主要替代燃料的种类及其热值、产品应用情况　　　　　　表3-4-1

替代燃料	生物质热值（MJ/kg）	产量（万t）	产量分布	主要优势	主要劣势
垃圾衍生燃料、固体回收燃料	16 ~ 22	未知	全国	原料分布广泛	产品含水量高
生物质	14 ~ 21	35亿t	河南、黑龙江、山东	原料分布广泛	产品含水量高、有季节性
糠醛渣（生物质）	16 ~ 20	400 ~ 500	山东、河南、河北	原料来源稳定	产品含水量高、硫含量高
干市政污泥	8 ~ 12	5500	全国	产品产量高	产品处置技术不成熟、热值低、含砂量高、有机质低
轮胎衍生物	25 ~ 30	2000	全国	产品热值高	产品价格昂贵

华新水泥公司研发出了一套国内首创、国际领先的"水泥窑协同无害化和资源化处置技术"，成功将城市生活垃圾衍生燃料（RDF）作为替代传统化石燃料的新选择。该技术通过综合运用生态化前处理和无害化、资源化后处置技术，对生活垃圾进行精细处理，包括微生物发酵、物理干化及机械分选等步骤，从而高效地转化为适用于水泥窑的预处理可燃物。华新水泥通过采用RDF等替代燃料，有效降低了化石燃料的使用量，进而减少了二氧化碳的排放。2021年，公司处置生活垃圾及衍生燃料达212万t，节约标煤44万t，减排二氧化碳121万t。

除此之外，混凝土工业余热资源来源于工业生产中的各种炉窑、余热利用装置和生产过程中的反应等。这些余热能源经过一定的技术手段加以利用，可进一步转换成其他机械能、电能、热能或冷能等。利用不同的余热回收技术回收不同温度品位的余热资源对降低企业能耗，实现我国节能减排、环保发展战略目标具有重要的现实意义。

余热温度范围广、能量载体的形式多样，又由于所处环境和工艺流程不同及场地的固有条件的限制，生产生活的需求，设备形式多样，如有空气预热器，窑炉蓄热室，余热锅炉，低温汽轮机等。根据余热的温度范围，可以将目前的工业余热技术分为中高温余热回收技术和低温回收技术。中高温回收技术主要有三种技术：余热锅炉、燃气轮机、高温空气燃烧技术。低温回收技术主要包括有机工质朗肯循环发电、热泵技术、热管技术、温差发电技术、热声技术。

从目前工业余热现状来看，高温余热回收技术已经在我国的钢铁、水泥、冶金等行业广泛应用。但除了高温余热外，还有大量的低温工业余热未得到利用，我国对于低温余热的利用还处于尝试和发展阶段，低温余热回收技术不成熟，导致这部分余热多直接排向环境，造成了巨大的能源浪费。

有机工质朗肯循环发电是将热能转换为机械能的系统，与常规的蒸汽发电装置的热力循环原理相似，但有机工质低温余热发电不是用水作工质，而是用有机物为工质的朗肯循环发电系统，其工作原理如图3-4-2所示。系统由蒸发器、透平、冷凝器和工质泵四大部分组成，有机工质在蒸发器中从低温热流中吸收热量，生成具一定压力和温度的蒸汽，蒸汽推动透平机械做功，从而带动发电机或拖动其他动力机械。从透平机排出的有机蒸汽在冷凝器中向冷却水放热，凝结成液态，最后借助工质泵重新回到蒸发器，如此不断地循环下去。

有机工质朗肯循环采用有机工质（如R123、R245fa、R152a、氯乙烷、丙烷、正丁烷、异丁烷等）作为循环工质的发电系统，由于有机工质在较低的温度下就能汽化产生较高的压力，推动涡轮机（透平机）做功，故有机工质循环发电系统可以在烟气温度200℃左右，水温在80℃左右实现有利用价值的发电。

以某水泥厂余热发电站为例，来验证余热发电的经济性。一条3000t/天的新型干法水泥生产线，窑头与窑尾配备有余热锅炉，使用的是凝汽式汽轮机，该系统的设计效果为每小时的平均发电总量为3500kW，参照发电机组的真实规格，必须用3000kW的汽轮机组。某项目的总投资数额高达1962万元，一年平均运转300天，则1年的发电总量可达到2520万kW·h。然后除掉系统自身耗费电量的10%，则每年供电量能够达到2268万kW·h，而1t熟料的发电能力能够达到2.8kW·h。相比之下，应用纯低温余热发电技术来发电，整个发电

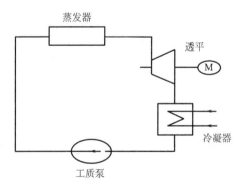

图3-4-2 有机工质朗肯循环发电原理图

系统一共投资1962万元，外界购电价格按照0.5元/（kW·h）进行计算，除去余热电站供电所花费的成本，则每吨熟料的成本大约能下降1.26元，进一步降低了水泥工业生产成本，提升企业在市场上的竞争力，减少水泥生产过程中的碳排放。

3.4.3 碳捕集

碳捕集技术的研究和应用是推动混凝土低碳技术发展的重要方向。通过研究和应用碳

捕集技术，可以将混凝土中的碳捕集并长期储存，以进一步减少碳排放。这种技术有助于减少混凝土生产过程中的碳排放，对实现低碳目标有着重要的推动作用。例如，一些创新技术如CarbonCure公司的系统，能够在混凝土搅拌过程中捕集二氧化碳排放，并将其注入混凝土中，使混凝土所需的水泥用量最小化，从而进一步降低碳排放。CarbonCure的系统吸收二氧化碳，并在混合时将其注入混凝土中，如图3-4-3所示。英国公司也开发了一种模块化技术，可以安装在水泥厂以捕获其二氧化碳排放。这些技术被用来隔离水泥工业的排放，切断与采矿和运输相关的碳排放，最终实现减碳61%的目标，并在2050年前实现净碳排放为负数。

图 3-4-3　CarbonCure 的系统吸收二氧化碳，并在混合时将其注入混凝土中

同时，混凝土材料中的碱性组分在自然条件下可以与大气中0.04%浓度的CO_2进行化学反应，但过程非常缓慢，在其生命周期内碳酸化深部一般不超过10mm。CO_2矿化养护混凝土技术正是通过高分压力CO_2（一般为气体）与预养护或早期水化成型后的混凝土中的胶凝成分和其他碱性钙、镁组分之间的矿化反应，在混凝土内部孔隙和界面结构处形成碳酸盐产物，并通过填充效应、界面过渡区消除效应和产物层效应等实现混凝土的强度和耐久性改善。

清捕零碳（北京）科技有限公司设计并开发的CCUS-CO_2矿化养护一体化体系标准化设备，CO_2矿化养护混凝土技术原理如图3-4-4所示。利用捕获工业排放的CO_2，并应用于生产混凝土的养护环节，整个体系实现了CO_2闭环利用，目前的CO_2转化率在98%左右，几乎没有二次排放，并可将CO_2高效封存，流程示意图如图3-4-5所示。

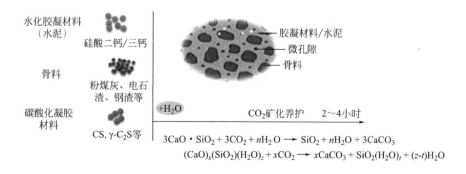

图 3-4-4　CO_2 矿化养护混凝土技术原理

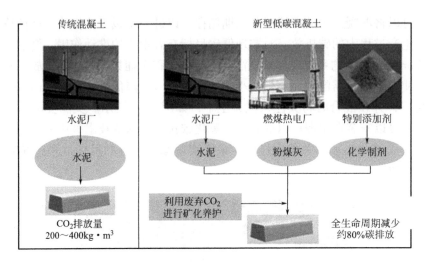

图 3-4-5　CCUS-CO$_2$ 矿化养护一体化

总之，我国在混凝土低碳技术应用方面已经取得了一定的进展。未来随着科学技术的不断进步和创新，我们有理由相信混凝土低碳技术将在我国得到更广泛的应用和推广，为推动我国建筑业和基础设施建设的绿色发展做出更大的贡献。同时，政府和企业应积极推广和应用这些技术，鼓励并引导行业创新和发展，加强国际合作、借鉴先进经验和做法，努力实现我国建筑业的可持续发展目标，为实现经济效益和环境效益的双赢局面而努力奋斗。

◆ **习题**

（1）混凝土传统生产工艺的基本过程有哪些？

（2）在传统生产过程中能耗消耗最大的工艺是什么？

（3）水泥生命周期中碳排放量的评估，来自六个独立的碳排放来源，分别是什么？如何计算？

（4）如何降低混凝土工业的碳排放？

（5）碳捕集技术的主要方法和意义是什么？

第4章 低碳混凝土体系制备与绿色设计

◆ 学习目标

（1）了解传统混凝土的碳排放及其对环境的影响。

（2）了解低碳混凝土体系的制备，以及如何在混凝土体系制备过程中实现节能减排和可持续发展的目的。

（3）学习辅助胶凝材料混凝土，了解辅助胶凝材料对混凝土性能的影响。

（4）学习碱激发胶凝材料混凝土，了解碱激发胶凝材料对混凝土各类性能的影响。

◆ 4.1 混凝土体系与设计方法

混凝土体系是现代建筑的重要构成部分，然而，大量的水泥生产导致混凝土产业成为建筑行业碳排放的主要来源之一，为响应减排需求，低碳混凝土应运而生。低碳混凝土体系主要包括辅助胶凝材料-混凝土、碱激发胶凝材料-混凝土、基于外加剂的低碳混凝土体系等。低碳混凝土体系通过不同的技术路径减少碳排放，对推动建筑行业绿色发展具有重要意义。

4.1.1 传统混凝土体系与设计方法

传统混凝土体系是指以普通水泥为主要胶凝材料，砂、石为骨料，按一定比例混合搅拌后，经浇筑成型并硬化而得到的人造石材，主要包括硅酸盐水泥混凝土。传统的硅酸盐水泥混凝土的生产涉及高温煅烧等工艺，需要大量石灰石等原材料，在原材料的开采和加工等过程中会排放大量的 CO_2，消耗大量的能源，对环境造成破坏，硅酸盐水泥制造过程中使用的工艺流程和能量如图 4-1-1 所示。

传统混凝土设计方法通常是通过大量的试验研究来确定混凝土的配合比，以满足工程设计和性能要求。图 4-1-2 为配合比设计基本流程，这种方法通常会依赖于经验和试错，需要进行大量的试验和试验性生产，耗费时间、人力和物力。在这个过程中，可能会忽视对

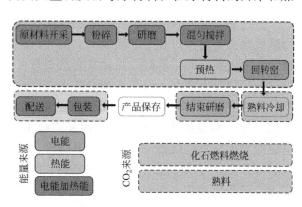

图 4-1-1 硅酸盐水泥制造过程中使用的工艺流程和能量

碳排放的考量，使得混凝土设计并不低碳。例如，一个桥梁工程需要设计一种混凝土，以满足特定强度和耐久性的要求。在传统设计方法下，需要先根据经验设定一个初始的配合比，然后进行一系列试验来测试混凝土的强度、耐久性等。如果试验结果不满足要求，就需要对配合比进行调整，并再次进行试验。多次重复这一过程，直至找到满足性能要求的配合比为止。在这个过程中，没有充分考虑到混凝土的碳排放问题，为了提高混凝土的强度，增加水泥的用量，导致碳排放量提高，不符合低碳环保的要求。

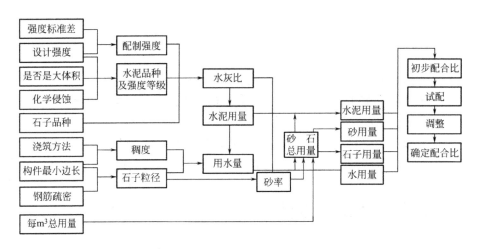

图 4-1-2　配合比设计的基本流程

4.1.2　低碳混凝土体系与绿色设计

传统混凝土的高碳排放量给低碳经济带来了较大挑战，为实现碳减排目标，开发低碳混凝土、降低混凝土行业的碳排放量是目前迫切需要解决的问题。低碳混凝土是指相较于传统混凝土，在混凝土生产、应用和废弃整个生命周期中排放的温室气体明显降低的混凝土。混凝土碳足迹中有近70%以上来自水泥，而水泥碳排放的减排潜力重点则在熟料生产过程，因此现阶段熟料-水泥-混凝土产业链减排将是推进混凝土低碳发展主要举措。

通过加入辅助胶凝材料、碱激发胶凝材料等方法，可以减少水泥熟料的使用量，从而降低混凝土生产过程中的碳排放。低碳混凝土的推广有助于推进混凝土产业的低碳发展，对实现我国的"双碳"目标具有重要意义。值得注意的是，低碳混凝土并不是特指某种新型混凝土产品，而是未来混凝土可持续发展过程中需要坚持的一种技术理念和方向。低碳混凝土体系是指采用低碳技术生产的混凝土，该体系包括低碳混凝土的制备、运输、施工和养护等环节，以及相关的技术、设备和管理措施。低碳混凝土的制备是低碳混凝土体系的关键环节之一。通过优化配合比设计、选用低碳原材料、添加矿物掺合料等方法，可以降低混凝土的碳足迹。例如，使用煅烧黏土、粉煤灰或高炉矿渣等矿物掺合料替代某些水泥成分，或采用碳固化系列产品等新技术。低碳混凝土体系是一个综合性的技术和管理体系，旨在降低混凝土生产和使用过程中的碳排放，促进可持续发展。在推广应用低碳混凝土的过程中，需要持续加强研究和创新，不断提升混凝土产业

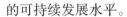

的可持续发展水平。

为了实现低碳混凝土设计，可以考虑以下几点：

1）使用替代材料：在混凝土中掺入以矿渣、粉煤灰、火山灰等工业废料为主的细掺料，它们具有火山灰性或潜在水硬性，可以部分替代水泥来制备混凝土，大大减少了水泥用量，减少了生产水泥时对环境造成的污染，从而降低碳排放。

2）优化配合比：为了保证低碳混凝土的工程质量，在选择和易性时，要坚持"保证施工前提下选择较小的坍落度，不追求高流动性和大扩展度，以保证匀质性和密实性为首要目标"的原则，通过优化混凝土配合比，合理设计和控制混凝土中各组分的比例，在满足所需性能的同时确定合适的最小胶凝材料用量，以降低碳排放。使用矿渣作为辅助胶凝材料，通过最紧密堆积理论精细化设计混凝土的配合比，可以使超高性能混凝土全球变暖潜能值降低42%。

3）混凝土全寿命周期碳排放评估：水泥熟料生产过程中巨大的能源消耗是水泥碳排放高的主要原因之一，提高能源效率是直接有效的减排方式。除生产阶段的碳排放外，在混凝土使用和维护过程中也会产生碳排放，因此应对混凝土的整个寿命周期进行碳排放评估，包括生产、运输、施工、使用和维护等阶段。

4）混凝土耐久性提升技术：提高混凝土耐久性，延长混凝土工程寿命是节约资源、能源和保护环境的关键措施，也是实现混凝土低碳发展的基本原则之一，主要包括混凝土自增强、自防护、自修复技术。

通过以上方法，可以在混凝土设计阶段就考虑并降低碳排放，实现低碳混凝土的设计和生产。这不仅符合当下可持续发展的要求，也有助于推动混凝土行业向低碳、环保方向转型。

◆ 4.2 辅助胶凝材料－混凝土

辅助胶凝材料，如粉煤灰、硅灰和矿渣等，在低碳混凝土体系中发挥着重要作用。辅助胶凝材料是现代混凝土的重要组成部分，使用辅助胶凝材料能降低混凝土中水泥熟料的用量，从而间接降低水泥生产能耗，减少碳排放。本节主要介绍的是粉煤灰混凝土、硅灰混凝土等辅助胶凝材料-混凝土体系。

4.2.1 粉煤灰混凝土

粉煤灰是火力发电厂的主要副产物之一，具有火山灰活性，能够与$Ca(OH)_2$反应，生成具有胶凝性质的水化产物。采用粉煤灰作为辅助胶凝材料取代部分水泥，不仅可以降低混凝土的碳排放，符合国家绿色发展的理念，也可以改善混凝土拌合物的流动性、减少泌水，提高混凝土的抗裂性和抗渗性。加入粉煤灰会降低混凝土的早期强度，掺入大量粉煤灰时会造成混凝土在较低气温下凝结缓慢。在水胶比较低时，一定量的粉煤灰会提高混凝土的后期强度。掺入粉煤灰可以提高混凝土的密实度，从而改善了其抗渗性、抗冻性和抗碳化性能等。

关于粉煤灰在混凝土中的应用，国内外均进行了大量的研究。粉煤灰具有填充效应、滚珠效应和火山灰效应，可改善胶凝材料的颗粒级配、降低固体颗粒的摩擦力、提高水泥石密实度等，能够降低混凝土生产成本、改善混凝土拌合物和易性、优化混凝土力学性能、提升混凝土耐久性。

（1）粉煤灰对混凝土工作性能的影响

新拌混凝土的特性对于混凝土的浇筑和捣实过程至关重要。常用术语如稠度、流动性、淌度、可泵性、密实性、抹面性以及干硬性等来描述新拌混凝土的特性。这些特性可以通过调整混凝土配合比中的水灰比、胶凝材料种类和掺合料的使用量等来实现。同时，在施工过程中，可以采取适当的振动、振捣和养护措施来优化混凝土的特性。对于粉煤灰掺合料，它对混凝土性能的影响程度与掺量有密切关系。粉煤灰掺量在0～30%时，混凝土的坍落度随着粉煤灰掺量的增加而增大，粉煤灰掺量对混凝土坍落度的影响如图4-2-1所示。粉煤灰的细颗粒可以代替部分水泥，增加胶凝材料的浆体量，改善混凝土的黏聚性和保水性。同时，粉煤灰的影响还导致混凝土的其他工作指标的改善。当粉煤灰掺量在0～70%范围内时，随粉煤灰掺量的增加，混凝土的工作性能经时变化幅度减小。粉煤灰的颗粒粒径也是影响混凝土工作性能的主要因素。粒径较大（≥45μm）的粉煤灰，颗粒能够改善混凝土的工作性能，而粒径较小（<45μm）的颗粒，可以降低混凝土的需水量。粉煤灰作为一种辅助胶凝材料，可以对新拌混凝土的性能产生影响。合理控制粉煤灰的掺量和粒径，可以改善混凝土的流动性、稳定性和其他工作特性。在实际工程应用中，需要根据具体情况和要求进行配合比设计和施工操作，以确保混凝土达到所需的性能和质量标准。

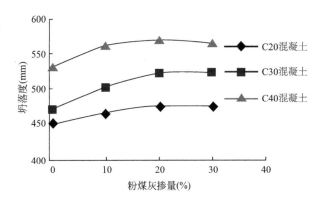

图4-2-1　粉煤灰掺量对混凝土坍落度的影响

（2）粉煤灰对混凝土力学性能的影响

适量添加粉煤灰可以改善混凝土的抗压强度和抗折强度，粉煤灰中的硅酸盐和铝酸盐等活性成分可以与水泥反应生成水化产物，填充混凝土中的孔隙，提高混凝土的强度。粉煤灰中的细微颗粒填充混凝土中的孔隙，减少了混凝土的收缩，这对于减少混凝土的干缩、热收缩等问题有一定的改善作用。需要注意的是，粉煤灰的使用对混凝土性能的影响取决于其掺量、物理特性以及与水泥和其他混凝土成分的相互作用。合理的粉煤灰掺量和配合比设计是确保混凝土在力学性能方面满足要求的关键。此外，还应注意选择符合标准要求的粉煤灰，并加强质量管理和控制，确保混凝土在使用过程中的稳定性和持久性。

从图4-2-2和图4-2-3中可以看出，掺入0～20%粉煤灰时，混凝土劈裂抗拉强度和抗折强度随着粉煤灰掺量的增加而逐渐提高，掺量超过20%后，劈裂抗拉强度和抗折强度逐渐降低。掺入粉煤灰后，混凝土的强度提高，这是因为粉煤灰颗粒远小于水泥颗粒，可以均匀地填充在水泥中，且粉煤灰与水泥水化生成的 $Ca(OH)_2$ 反应，生成C-S-H凝胶，增强了混凝土的密实度，从而提高了混凝土的力学性能。

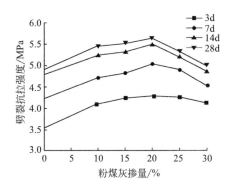

图 4-2-2　粉煤灰掺量与不同龄期
混凝土劈裂抗拉强度之间的关系

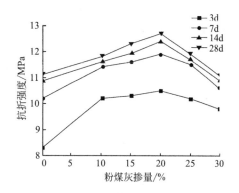

图 4-2-3　粉煤灰掺量与不同龄期
混凝土抗折强度之间的关系

（3）粉煤灰对混凝土耐久性能的影响

粉煤灰具有微颗粒效应、滚珠效应和火山灰效应，能够改善水泥石的结构，调节水化进程和矿物组成。因此，大量学者将粉煤灰应用于混凝土中，以提高其耐久性能，如抗渗性、抗冻性和化学侵蚀性能等，并取得了显著的研究成果。粉煤灰中的细微颗粒填充混凝土中的孔隙，这可以有效阻止水分、气体和化学物质的渗透进入混凝土内部，提高混凝土的抗渗性和抗冻性能。混凝土抗氯离子渗透性随粉煤灰掺量演变规律如图 4-2-4 所示，随着养护龄期的增加，混凝土氯离子扩散系数开始降低，抗氯离子渗透性逐步增强。随着粉煤灰掺量的增加，混凝土氯离子扩散系数先降低后升高，这是因为少量的粉煤灰及产生的水化产物可以填充混凝土内部空隙，提高密实度；但掺量过高会降低水泥水化反应，导致混凝土内部空隙增加，形成液体渗透通道，从而使抗渗透性下降。

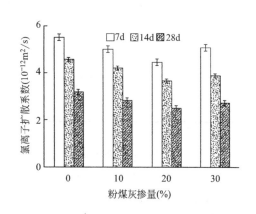

图 4-2-4　混凝土抗氯离子渗透性随粉煤灰掺量演变规律

粉煤灰中的活性成分可以与硫酸盐反应，生成稳定的 $CaSO_4$ 化合物，减少硫酸盐对混凝土的侵蚀。粉煤灰中的活性成分可以与氯离子反应，生成稳定的氯化钙化合物，减少氯离子对混凝土的侵蚀并减少钢筋锈蚀的风险。粉煤灰的掺加会降低混凝土的 pH，导致水泥石液相孔溶液碱度下降，不利于混凝土抵抗碳化。然而，粉煤灰的掺加可以细化水泥石孔结构，提高混凝土的密实性，从而降低有害介质如氯离子、硫酸盐、CO_2 等侵入混凝土的通道概率，显著提高混凝土的耐久性能。因此，为了提高掺粉煤灰混凝土的耐久性能，可以通过优化混凝土的配合比设计，控制粉煤灰的掺加量来实现。此外，粉煤灰应符合相关标准，且施工过程中应加强质量管理和控制，确保混凝土的耐久性能得到有效保障。

4.2.2 硅灰混凝土

硅灰是冶炼硅铁合金或金属硅时排出的固体废渣，是一种高活性的辅助胶凝材料，其主要成分为非晶态的 SiO_2，具有优良的火山灰活性。硅灰能够显著提高混凝土的早期强度和后期强度，改善混凝土的抗裂性和抗腐蚀性，同时减少混凝土的碳足迹，提高其环保性能。由于硅灰很细，可以充分填充在毛细孔中，使混凝土更加密实，同时也能充分发挥其化学活性，与 $Ca(OH)_2$ 发生火山灰反应，提高混凝土的强度和耐久性。此外，硅灰也能够影响新拌混凝土的流动性。

（1）硅灰对混凝土工作性能的影响

硅灰的掺入会降低混凝土的坍落度，当硅灰掺量分别为0、6%、8%、10%时，混凝土坍落度分别为27mm、20mm、19mm、18mm，如表4-2-1所示，可见随着硅灰掺量的增大混凝土坍落度随之下降，混凝土的流动性减弱。这主要是因为硅灰的颗粒尺寸较小，比表面积大，取代水泥后需水量增大，混凝土内部自由水分被硅灰争夺而未能与水泥发生充分水化反应。因此，为了保证混凝土的流动性，硅灰须与减水剂联合使用。

试验用混凝土配合比　　　　　　　　　　　　　　　　　　表 4-2-1

配合比	掺量（%）	C用量（kg/m³）	SF用量（kg/m³）	S用量（kg/m³）	G用量（kg/m³）	W用量（kg/m³）	SP用量（kg/m³）	坍落度（mm）
SC0	0	340	0	505	1439	136	6.7	27
SC6	6	320	20	505	1439	136	6.7	20
SC8	8	313	27	505	1439	139	6.7	19
SC10	10	306	34	505	1439	143	6.7	18

（2）硅灰对混凝土力学性能的影响

硅灰作为混凝土中的辅助胶凝材料之一，适量添加硅灰可以提高混凝土的抗压强度，硅灰中的活性成分可以与水泥反应生成水化产物，填充混凝土中的孔隙，从而提高其强度。硅灰的加入还可以有效提高混凝土的抗折强度，硅灰掺量与龄期对混凝土抗折强度的影响如图4-2-5所示，这是因为硅灰中的活性成分可以形成钙硅石等新的水化产物，增加混凝土内部的连接和密实性。硅灰中的活性成分可以促进混凝土的水化反应速率，因此可以提高混凝土的早期强度发展，这对一些需要快速施工和投入使用的工程比较适用。由于硅灰颗粒较细，加入硅灰可以填充混凝土中的孔隙，减少混凝土的收缩。但是掺入过多的硅灰可能会导致混凝土的黏稠性增加、难于施工和振捣，从而影响混凝土的力学性能。因此在施工过程中应合理设计硅灰的掺量和配合

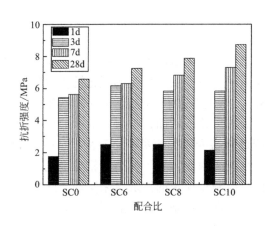

图 4-2-5　硅灰掺量与龄期对混凝土抗折强度的影响

比，确保混凝土的力学性能得到有效保障。

（3）硅灰对混凝土耐久性能的影响

掺入硅灰还可以提高混凝土的抗渗性和抗侵蚀性等。硅灰中的活性成分可以填充混凝土中的孔隙，提高混凝土的抗渗性能，并且硅灰中的活性成分可以与硫酸盐和氯离子反应，减少硫酸盐和氯离子对混凝土的侵蚀，改善混凝土的耐久性。图4-2-6为硅灰含量与混凝土硫酸盐含量的关系，研究表明添加硅灰可以显著促进混凝土的抗硫酸盐溶液侵蚀性能。

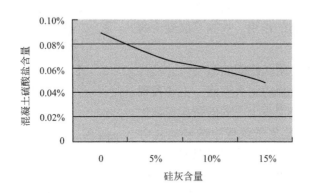

图4-2-6 硅灰含量与混凝土硫酸盐含量的关系

硅灰混凝土在现代建筑中的应用越来越广泛，硅灰可以提高混凝土的强度、改善耐久性、减少CO_2排放、降低环境污染。硅灰混凝土作为一种新型的建筑材料，具有广阔的应用前景。在建筑工程中，硅灰混凝土可以提高混凝土的性能，促进工程质量的提升，并有助于降低工程成本。

4.2.3 矿渣混凝土

矿渣是炼钢过程中的副产品，是由高炉炼钢的产物磨细后形成的，是一种具有高活性、高比表面积、高强度和耐磨性的辅助胶凝材料。由于矿渣的填料效应和火山灰效应，它能够优化混凝土的工作性能，增加新拌混凝土的流动性和黏聚性，提高硬化后混凝土的强度和耐久性，并降低混凝土的收缩和徐变。

（1）矿渣对混凝土工作性能的影响

图4-2-7为不同矿渣粉掺量的混凝土坍落度变化曲线，随着矿渣粉掺量的增大，轻集料混凝土的坍落度呈先减小后增大的变化趋势，当矿渣粉含量从0增加至10%时，混凝土的坍落度逐渐降低，当矿渣粉掺量为10%～40%时，混凝土拌合物的坍落度增大。掺入矿渣粉能有效提升混凝土拌合物的工作性能，这是因为矿渣粉的密度远低于水泥，其在轻集料混凝土中作为水泥的等量替代物时，能够导致浆体体积

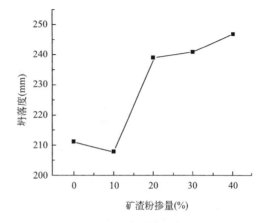

图4-2-7 不同矿渣粉掺量的混凝土坍落度变化曲线

增大，进而增强混凝土的流动性。

（2）矿渣对混凝土力学性能的影响

图4-2-8是矿渣掺量对混凝土收缩性能的影响。由图可知，矿渣掺量相同时，随龄期的增加，混凝土的收缩值也增加；在相同龄期时，随着矿渣粉掺量的增加，混凝土的收缩值减小，表明矿渣粉可以有效改善混凝土的收缩性能。这是因为矿渣起到了微集料的作用，抑制了混凝土的基本收缩。

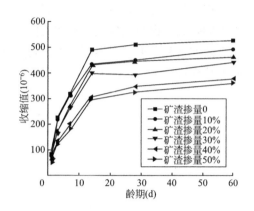

图4-2-8 矿渣掺量对混凝土收缩性能的影响

（3）矿渣对混凝土耐久性能的影响

矿渣混凝土具有优异的耐久性能，主要表现在以下几个方面：矿渣混凝土中的硅酸盐和氧化铁等物质可以与硫酸盐离子反应生成硬质化合物，从而提高混凝土的抗硫酸盐侵蚀能力；矿渣混凝土中的部分矿物质可以吸附氯离子，从而降低混凝土中的氯离子含量，提高混凝土的抗氯离子侵蚀能力；矿渣混凝土中的矿物质粒度较小，可填充混凝土中的空隙，减少混凝土内部孔隙结构，从而提高混凝土的密实性和抗冻融性能；矿渣混凝土中的矿物质具有良好的化学稳定性和热稳定性，可以有效地提高混凝土的抗老化性能。

矿渣混凝土优异的耐久性能，可以使其满足各种不同环境下的使用要求。但需要注意的是，矿渣混凝土的耐久性能会受到多种因素的影响，其中配合比是影响矿渣混凝土性能的关键因素之一。在矿渣混凝土中，矿渣的掺入量、水灰比、砂率、骨料粒径、掺合材料等都会对混凝土的性能产生重要影响。一般来说，较高的矿渣掺入量可以提高矿渣混凝土的抗压强度和硬度，但也会导致混凝土的流动性和可加工性下降。因此，在确定矿渣混凝土配合比时，需要综合考虑多个因素，并根据实际情况进行优化。此外，矿渣混凝土的养护也是影响其耐久性的重要因素之一。矿渣混凝土在早期强度发展缓慢，需要进行充分的养护，以达到设计强度和耐久性要求。矿渣混凝土的配合比和养护对其性能和耐久性都有重要影响，在实际工程中，需要根据具体情况进行科学合理的设计和施工，并进行充分的养护，以确保矿渣混凝土的性能和耐久性能够满足使用要求。

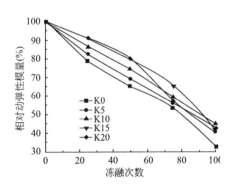

图4-2-9 试件相对动弹性模量变化

掺入矿渣有利于改善透水混凝土抗冻性能，试件相对动弹性模量变化如图4-2-9所示，掺矿渣组透水混凝土的相对动弹性模量变化曲线均处于不掺矿渣组的上方，表明矿渣的掺入提高了混凝土的抗冻性能。这是因为少量的矿渣可以改善水泥浆的黏聚性，增强骨料与水泥浆的界面过渡区，提高骨料与水泥浆间、水泥浆互相之间的粘结能力，增强试件抵抗弹性变形的能力，但过量的矿渣由于其难以分散的特点会产生相反的效果，最佳矿渣掺量在15%左右。

矿渣混凝土是一种环保、经济、可持续的建筑材料，具有广泛的应用前景，随着人们对环保意识的提高，矿渣混凝土将在未来得到更加广泛的应用。

4.2.4 石灰石粉混凝土

石灰石粉是以生产石灰石碎石和机制砂时产生的细砂和石屑为原料，通过进一步粉磨制成的粒径不大于10μm的细粉。在生产石灰石碎石和机制砂过程中产生的大量石灰石粉若不能得到合理利用，将会对环境造成污染，因此经济有效地利用石灰石粉可以减少环境污染，进一步实现环保目标。天然廉价资源石灰石磨细后作为矿物掺合料，与矿渣、粉煤灰相比，因其资源有保证，价格低廉，运输方便，更显示出巨大的经济价值，成为近年来研究的热点问题。由于石灰石粉在混凝土中具有良好的减水和填充效应，得到了广泛应用。

（1）石灰石粉对混凝土工作性能的影响

掺入石灰石粉会对混凝土的工作性能产生影响。掺入石灰石粉可以减少混凝土的坍落度损失，提高坍落度保持性能，改善混凝土的工作性能。这是由于石灰石粉颗粒比水泥颗粒小，具有良好的形态效应和填充效应，其在混凝土中与水泥水化相比用水量少，可以减少拌合物的用水量。表面致密光滑的石灰石粉颗粒比较容易分散在水泥颗粒之间，起到分散作用，促使水泥颗粒的解絮，减小了坍落度的损失和泌水现象的发生。超细石灰石粉的细度很小，它不但补充了混凝土的细颗粒，增大了固体比表面积与水体积的比例，从而减少泌水和离析，而且石灰石粉能与水泥和水形成柔软的浆体，即增加混凝土的浆量，从而改变了混凝土的和易性。石灰石粉粒径较小，能够填充在水泥颗粒间的空隙中，置换出原本填充在空隙中的自由水，加厚颗粒之间的水层，改善混凝土的流动性。石灰石粉对水的吸附性小，具有减水效应，能够在保持相同流动性的前提下减少用水量，从而提高混凝土的坍落度。

掺入石灰石粉能明显改善混凝土的工作性能，具有一定减水作用。石灰石粉比表面积小于水泥，能发挥填充效应，填充空隙，使空隙水量降低，从而增加自由水量，且其颗粒能分散在水泥颗粒之间，能起到分散作用，破坏水泥絮凝结构；同时等质量石灰石粉取代水泥后，混凝土拌合物中浆体的含量增大，可以提高混凝土拌合物的流动性，增加其坍落度，且随着掺量的增大，效果更加明显，混凝土的工作性能试验结果如表4-2-2所示。

<table>
<tr><td colspan="2">混凝土的工作性能试验结果</td><td colspan="2" style="text-align:right">表 4-2-2</td></tr>
<tr><td>编号</td><td>坍落度（mm）</td><td>倒筒排空时间（s）</td><td>扩展度（mm）</td></tr>
<tr><td>A0</td><td>220</td><td>16</td><td>460</td></tr>
<tr><td>A1</td><td>230</td><td>10</td><td>535</td></tr>
<tr><td>A2</td><td>235</td><td>7</td><td>575</td></tr>
<tr><td>A3</td><td>240</td><td>5</td><td>600</td></tr>
<tr><td>A4</td><td>240</td><td>5</td><td>610</td></tr>
</table>

（2）石灰石粉对混凝土力学性能的影响

掺入石灰石粉会对混凝土的力学性能产生影响。石灰石粉活性较低，掺入混凝土中可以减小温度应力，改善混凝土早期开裂敏感度。将石灰石粉掺入混凝土中可以降低混凝土早期的温度收缩、自收缩和干燥收缩。石灰石粉在混凝土中的作用主要是填充效应和加速早期水化效应。石灰石粉的填充效应使基体更为致密，而加速效应使水泥早期（28d以前）水化加快。超细石灰石粉在混凝土硬化过程中有加速作用，超细石灰石粉颗粒作为一个成核场所，使溶解状态中的C-S-H遇到固相粒子并接着沉淀其上的概率有所增大，石灰石粉在水泥浆中充当了C-S-H的成核基体，降低了成核位垒，加速了水泥的水化，这种作用在早期是显著的。并且由于石灰石粉具有良好的填充效应，掺入石灰石粉后浆体更为致密，降低了砂浆的孔隙率，减少了大孔比例，改善了孔径分布，从而提高了混凝土的早期强度。

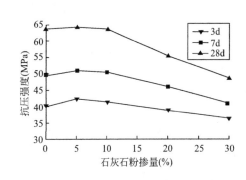

图4-2-10　不同石灰石粉掺量对混凝土抗压强度的影响

不同石灰石粉掺量会对混凝土抗压强度产生影响，不同石灰石粉掺量对混凝土抗压强度的影响如图4-2-10所示。掺入适宜量的石灰石粉，混凝土抗压强度有所提高，超过此掺量，混凝土强度逐渐下降，尤其是后期强度。石灰石粉颗粒微小，能够产生微集料效应，填充内部空隙，提高结构的密实度，同时其在水泥矿物水化过程中能发挥晶核作用，促进C_3S的早期水化，提高混凝土早期强度，且石灰石粉能与C_3A直接发生反应，生成水化碳铝酸钙，有利于提高混凝土力学强度。

（3）石灰石粉对混凝土耐久性能的影响

掺入石灰石粉会对混凝土的耐久性产生影响。与纯粉煤灰混凝土相比，超细石灰石粉混凝土有更加优越的抗碳化性能，这主要是由于超细石灰石粉本身不会像粉煤灰等矿物掺合料那样与水泥水化产生的$Ca(OH)_2$发生化学反应，使混凝土中的碱含量下降，而加速混凝土的碳化速度。另外，超细石灰石粉的细度大，平均粒径小，可以提高混凝土的密实性，而石灰石粉的减水效果还可以降低混凝土的用水量，从而进一步提高混凝土的密实性，改善混凝土的内部孔隙结构，使CO_2在混凝土内部的扩散速度降低，提高混凝土的抗碳化性能。石灰石粉的掺入可以略微提高抗氯离子渗透能力，减少钢筋锈蚀程度，降低碳化深度，这些性能的变化主要是因为石灰石粉的掺入改变了混凝土的孔结构，而碳化深度的降低也能缓解钢筋的锈蚀，从而提高混凝土的服役寿命。

石灰石粉对混凝土碳化深度的影响如图4-2-11所示，在3d龄期时，混凝土碳化深度随石灰石粉掺量的增加而减小，随着龄期的增长，掺石灰石粉的混凝土碳化深度逐渐超过不掺石灰石粉的混凝土，到28d龄期时，混凝土碳化深度随石灰石粉掺量增加而增大。这可能是由于石灰石粉的晶核效应加速水泥的水化，早期产生的$Ca(OH)_2$较多，延缓了混凝土的碳化，随着龄期的增长，水泥水化产生的$Ca(OH)_2$不断增多，碳化深度主要受水泥用量的影响，因而在28d龄期，混凝土碳化深度随石灰石粉掺量增加而增大。

石灰石粉在混凝土中的作用机理分为晶核、填充、化学和稀释作用。其中，晶核作用是指石灰石颗粒能够吸附C_3S水化释放出来的钙离子，降低$Ca(OH)_2$晶体在界面处的富集和定向排列，增加C-S-H在界面处的含量，为水化产物提供晶核点。采用SEM观测C_3S在

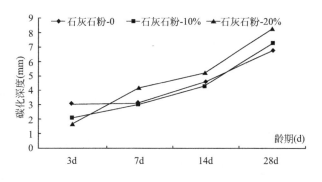

图4-2-11 石灰石粉对混凝土碳化深度的影响

石灰石粉表面的水化过程，观察到随着龄期的增长，部分C-S-H和Ca(OH)$_2$逐渐在石灰石粉表面沉淀，C$_3$S在石灰石粉表面水化过程的SEM图如图4-2-12所示。表明和水泥颗粒自身相比，石灰石粉表面更有利于水化产物的生成和沉淀。

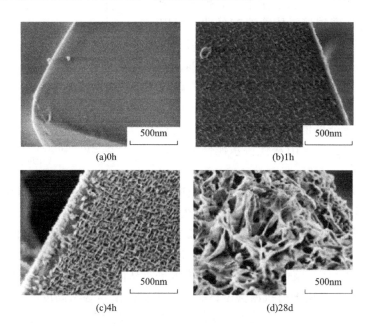

图4-2-12 C$_3$S在石灰石粉表面水化过程的SEM图

4.2.5 其他辅助胶凝材料-混凝土

（1）火山灰混凝土

火山灰是一种具有火山灰活性的材料，它的粉末状态在有水存在时，能与Ca(OH)$_2$在常温下发生化学反应，生成具有胶凝性的组分，从而用于制备火山灰混凝土。火山灰混凝土在制备过程中相较于传统混凝土能够减少碳排放，具有一定的碳减排作用，有助于推动绿色建筑和可持续发展。火山灰作为一种自然产物，其利用可以减少对环境的污染，并使产生的废渣得到合理的利用和回收。在混凝土生产过程中，火山灰的掺入可以影响混凝土的可加工性。适量的火山灰能够提高混凝土的流动性，减少浇筑阻力，降低混凝土的温升，使混凝土更易于浇筑和加工。图4-2-13为火山灰掺量与坍落度的关系，随着火山灰掺量的增多，混凝土试块的坍落度先增大后减小，当火山灰掺入量为50kg以内时，混凝土的坍落度值从28mm增大到约34.5mm，混凝土的坍落度提高，表明火山灰的掺入可以改善混凝土的流动性，但当火山灰的掺量从50kg增加到70kg后，其坍落度值出现下降趋势，说明火山灰替代水泥有一个合适的值。

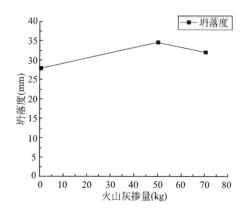

图4-2-13　火山灰掺量与坍落度的关系

对火山灰混凝土试块进行抗弯强度试验，火山灰掺量与抗弯强度的关系如图4-2-14所示。随着火山灰掺量的增多，混凝土试块的抗弯强度先增大后减小，在相同火山灰掺量下，养护时间越长，试块的抗弯强度越强。从养护7d的曲线可以看出，当火山灰掺入量为14.3%（即50kg）时，混凝土的抗弯强度值从4.2MPa增大到4.8MPa，说明火山灰的加入提高了混凝土的抗弯强度，改善了混凝土的性能，但当火山灰的掺量从50kg增加到70kg后，其抗弯强度值出现下降趋势，根据对抗弯强度试验的研究，火山灰代替水泥作为掺合料的合适值为14%～15%。

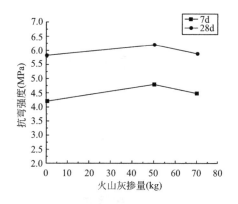

图4-2-14　火山灰掺量与抗弯强度的关系

此外，火山灰中的物质可以填充混凝土中的孔隙，增强混凝土的抗压能力，提高其耐久性。图4-2-15为天然火山灰浆体SEM图，从图4-2-15中可以观察到，天然火山灰组浆体相较于基准组密实性更好，表明天然火山灰质材料能够改善混凝土的孔结构，促进水泥的水化，使混凝土浆体更加密实，浆体孔隙向小孔方向发展，从而改善混凝土的耐久性能。

对火山灰混凝土试块进行抗渗强度试验，火山灰掺量与渗水高度的关系如图4-2-16所示。随着火山灰掺量的增多，混凝土试块的渗水高度逐渐降低，说明火山灰的加入有利于提高混凝土的抗渗能力；当火山灰的掺入量达到14.3%时，在相同火山灰掺量下，养护时间越长，试块的渗水高度越低，抗渗能力越强。

（2）稻壳灰混凝土

稻壳灰（RHA）是稻谷加工后的废弃物，经过特定的处理后可以作为辅助胶凝材料使用，制备成的稻壳灰混凝土，具有一定的增强和耐久性能。将稻壳灰掺入混凝土中不仅可以减少环境污染，还有利于资源的节约和保护，这种循环利用的方式有助于降低碳排放，实现低碳建筑的目标。稻壳灰中含有大量的硅酸盐，掺入后使混凝土具有良好的硬化性能。此外，稻壳灰的掺入还可以提高混凝土的抗渗性，减少渗透和侵蚀的风险。在实际应用中，需要充分考虑稻壳灰的品质和掺量，以及具体的工程需求和规范，合理选择配合比和施工方案，以充分发挥稻壳灰混凝土的优势并实现低碳减排的目标。

由于稻壳灰的高细度，混凝土中添加稻壳灰增加了拌合物的粘结性。图4-2-17为混凝

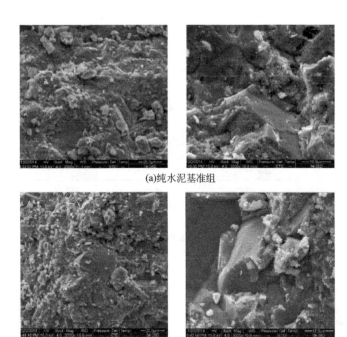

(a)纯水泥基准组

(b)掺加凝灰岩组

图4-2-15 天然火山灰浆体 SEM 图

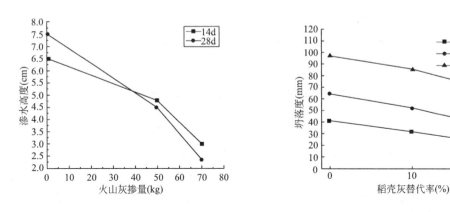

图4-2-16 火山灰掺量与渗水高度的关系　　**图4-2-17 混凝土坍落度试验结果**

土坍落度试验结果，随着稻壳灰掺量的增加，坍落度减小，混凝土拌合物流动性变差，但保水性和黏聚性较好。为保持混凝土良好的工作性能，建议在稻壳灰混凝土拌合物中使用减水剂。

在混凝土中掺入稻壳灰，高含量的无定型SiO_2可促进火山灰反应，产生大量的低碱度C-S-H，加强了水泥基材料早期强度的发展。图4-2-18为不同稻壳灰掺量的混凝土抗压强度，由图4-2-18可知，掺量为10%的稻壳灰混凝土的抗压强度最佳。

图4-2-19是空白混凝土试件与稻壳灰混凝土试件的微观形貌。由图可知，空白混凝土微结构疏松，存在明显孔隙和裂缝，且可以观察到$Ca(OH)_2$；而稻壳灰混凝土的微观形貌更加完整，无缺陷和裂缝存在，且C-S-H含量显著增加。表明稻壳灰的加入能够促进水泥水化，生成更多的C-S-H，使结构更加致密完整，进而改善了混凝土的性能。

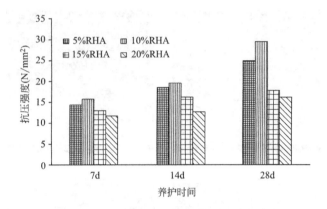

图4-2-18　不同稻壳灰掺量的混凝土抗压强度

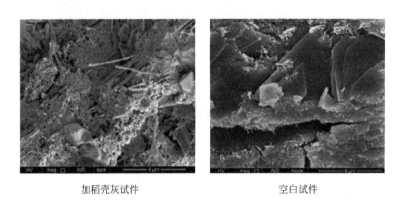

加稻壳灰试件　　　　　　　　　　　空白试件

图4-2-19　空白混凝土与稻壳灰混凝土试件的微观形貌

　　混凝土在硫酸盐腐蚀环境下，若增加稻壳灰的含量可以有效降低$Ca(OH)_2$的含量，进而减少AFt的形成，增强抗硫酸盐侵蚀能力。对于抗氯离子侵蚀性能，用稻壳灰等质量替代0、10%、15%、20%的水泥，研究了稻壳灰掺量对机制混凝土抗氯离子侵蚀性能的影响，如图4-2-20所示，结果表明，随着稻壳灰掺量的增加，混凝土的氯离子迁移系数降低，抗氯离子侵蚀性能提高，这主要归因于稻壳灰的火山灰活性和填充效应。

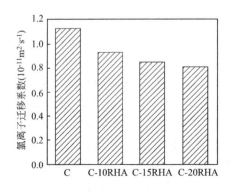

图4-2-20　稻壳灰对机制砂混凝土抗氯离子渗透性能的影响

（3）磷渣粉混凝土

磷渣粉是磷肥生产过程中产生的工业废渣，经过加工后可用作混凝土的辅助胶凝材料。磷渣粉的掺入能够提高新拌混凝土的工作性能，降低混凝土的坍落度经时损失，提高其可泵性，从而保证良好的施工质量。混凝土拌合物的性能见表4-2-3，由于磷渣粉的缓凝作用，随着磷渣粉掺量的增加，混凝土3h扩展度和坍落度均出现增大趋势，混凝土3h坍落扩展度损失逐渐降低。

混凝土拌合物的性能　　　　　　　　　　　　　表 4-2-3

序号	磷渣粉掺量（kg/m³）	初始扩展度（mm）	3h后扩展度（mm）	初始坍落度（mm）	3h后坍落度（mm）
1	0	580×590	510×510	230	200
2	30	590×590	520×510	230	210
3	61	580×580	520×520	230	215
4	92	580×590	540×540	230	220

磷渣粉掺入后，虽然会使混凝土的早期强度有所下降，但混凝土的后期强度会大幅度提高。这主要是由于磷渣粉中的活性成分在混凝土硬化过程中逐渐发挥作用，与水泥水化产物共同形成更为致密的结构。对不同配合比的磷渣粉混凝土开展抗压强度测试，其中C30混凝土中磷渣粉掺量为0kg/m³、30kg/m³、50kg/m³、70kg/m³，C35混凝土中为0kg/m³、40kg/m³、60kg/m³、80kg/m³，分别标记为PS1～PS8。由表4-2-4可知，随着磷渣粉掺量的增加，混凝土早期强度略有下降，但其28d强度超过基准混凝土。磷渣粉掺量越高，混凝土后期强度增长率越高，高磷渣粉替代量下的混凝土长龄期强度发展会更加理想。与高早期活性的矿渣粉等高铝质掺合料不同，高硅钙、低铝的化学组成特性使磷渣粉在后期具有更强的火山灰活性，在90d乃至更长龄期下活性指数甚至能超过100%。

磷渣粉混凝土与基准混凝土各龄期强度比及增长率表　　　　　　表 4-2-4

编号	强度等级	3d强度比（%）	7d强度比（%）	28d强度比（%）	7d强度增长率（%）	28d强度增长率（%）
PS-1	C30	—	—	—	44	67
PS-2	C30	82	84	97	47	96
PS-3	C30	82	90	104	59	112
PS-4	C30	77	86	100	62	117
PS-5	C35	—	—	—	46	78
PS-6	C35	92	95	100	50	92
PS-7	C35	92	97	104	54	102
PS-8	C35	82	95	103	70	124

磷渣粉的掺入会显著提升混凝土的抗碳化、抗渗和抗冻性能。不同掺量磷渣粉混凝土

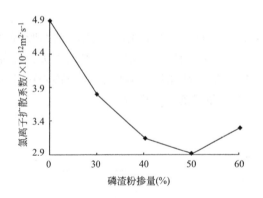

图 4-2-21 不同掺量磷渣粉混凝土的氯离子扩散系数

的氯离子扩散系数如图 4-2-21 所示，掺磷渣粉混凝土的氯离子扩散系数明显比基准混凝土低，当磷渣粉掺量小于 50% 时，随磷渣粉掺量的增加，混凝土的抗氯离子渗透性能逐渐增强，当其掺量超过 50% 后，混凝土的抗氯离子渗透性能有所降低。这是因为磷渣粉可以与水化产物 $Ca(OH)_2$ 反应，生成低碱度的 C-S-H 凝胶，更好地填充了混凝土中的孔隙；但是掺入过量磷渣粉会使体系中 $Ca(OH)_2$ 的量相对减少，对磷渣粉活性的激发作用也相应下降，导致

混凝土结构的致密度降低，从而使抗氯离子渗透能力减弱。此外，磷渣粉的掺加对混凝土早期的收缩不利，但随着龄期的增长，其收缩的增长幅度会逐渐减小，甚至可能低于基准混凝土，这有助于减少混凝土在长期使用过程中的开裂和变形问题。

磷渣粉会对水泥水化性能产生影响，磷渣粉对水泥水化热的影响如图 4-2-22 所示，磷渣的掺入能显著降低水泥水化热，且主要降低了水泥水化 1d 时的水化热。体系中水泥用量减少，且磷渣的早期反应活性较低是浆体水化热降低的主要原因。由于掺磷渣粉后混凝土的水化热降低，使磷渣粉在水工大体积混凝土工程中得到了广泛的应用。云南昭通渔洞水库大坝、云南大朝山水电站和贵州风营水电站工程均成功地运用了磷渣粉掺合料。

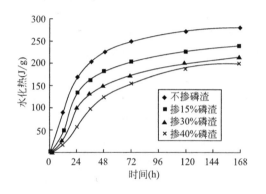

图 4-2-22 磷渣粉对水泥水化热的影响

采用辅助胶凝材料-混凝土符合可持续发展的理念，有助于推动建筑行业的绿色转型和可持续发展。随着技术的不断进步和环保意识的提高，相信未来会有更多环保、高效的辅助胶凝材料被开发和应用。

◆ 4.3 碱激发胶凝材料－混凝土

碱激发胶凝材料是一种新型绿色胶凝材料，是用粉煤灰、硅灰、磨细的高炉矿渣、钢渣和火山灰等为主要胶凝组分，并加入碱激发剂制得的胶凝材料。碱激发胶凝材料可以利用工业副产物作为原料进行生产，降低了对自然资源的需求，还可应用于废弃物的处理，具有一定的环境保护作用。碱激发胶凝材料混凝土在加工过程中无需煅烧，只需经过简单粉磨加工，降低了能耗和碳排放，且可以替代传统材料，在工程中推广使用，从而减少了高碳排放的传统混凝土的使用量，有利于社会的可持续发展。碱激发混凝土以低碳环保、强度高、耐久性好等一系列特点，受到了国内外学者的广泛关注。

基于现有研究，将碱激发胶凝材料组分分为碱激发剂、火山灰质材料和辅助材料，碱激发胶凝材料反应机理如图 4-3-1 所示。由图可知，加水后原材料之间发生碱激发反应，原材料各组分通过水解、电离或溶解解聚等反应，分解出大量能够参与碱激发反应的离子与结构，这些离子与结构在火山灰质材料、辅助材料表面发生反应，生成具有胶凝性或填充性或微膨胀性的碱激发产物。基于碱激发胶凝材料反应机理及其组分的化学性质和作用机制，将其各组分进行筛选分类，碱激发胶凝材料组分筛选图如图4-3-2所示。本节主要介绍的是碱激发矿渣混凝土、碱激发粉煤灰混凝土等碱激发混凝土体系。

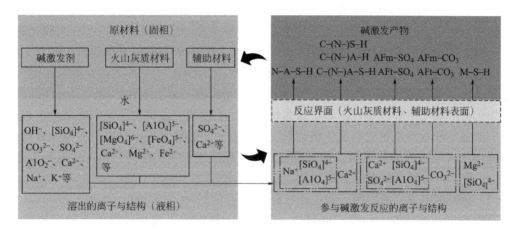

图 4-3-1　碱激发胶凝材料反应机理

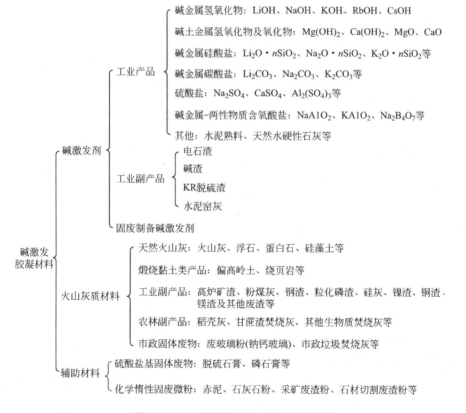

图 4-3-2　碱激发胶凝材料组分筛选图

4.3.1 碱激发矿渣混凝土

碱激发矿渣混凝土凝结硬化快，早期强度高。碱激发混凝土的强度会受到碱激发剂的种类和用量、胶凝材料的种类、配合比等的影响。与硅酸盐水泥相比，碱矿渣水泥干缩较大，收缩会导致混凝土开裂，这与激发剂的种类和用量有关。在总空隙率基本一样的情况下，碱矿渣水泥的细小孔比硅酸盐水泥多，抗渗性优于硅酸盐水泥，且具有较好的抗冻性。碱激发矿渣混凝土的性能主要由碱激发剂的种类及用量、矿渣的特性和水胶比决定。通常，碱激发矿渣混凝土具有比硅酸盐水泥混凝土更低的水和氯离子渗透性，具有更好的耐氯离子侵蚀性。在碱矿渣混凝土水化后不会产生$Ca(OH)_2$，因而其具有更高的耐久性。水泥呈碱性，易与酸反应，与硅酸盐水泥混凝土相比较，由于水化产物及其性能的差异，碱激发矿渣混凝土耐酸性更好。对于碱骨料反应，不同研究者得出了不同的结论。有研究发现，在碱矿渣水泥系统中会发生碱骨料反应，且一定条件下可以诱发反应发生膨胀，但其可能性比普通水泥体系更低。还有研究发现，碱矿渣水泥比硅酸盐水泥更容易发生碱-硅反应，但其反应速度较慢。

（1）新拌碱激发矿渣混凝土的工作性能

常用稠度、流动性、淌度、可泵性、密实性、抹面性以及干硬性等术语来描述新拌混凝土的特性，工作性能通常用来代表新拌混凝土的所有这些特性。骨料的数量、特性和细骨料与粗骨料的比率对新拌混凝土的工作性能有重要影响。增大骨料和水泥的比率会降低混凝土的工作性能。此外，骨料的形状和种类也会影响混凝土的工作性能，一般来说，骨料越接近球形，混凝土的工作性能就越好。确定合适的细骨料和粗骨料的比例是关键，因为没有细骨料将使混凝土变得干硬，而过量的细骨料则会导致混凝土抗渗透性降低并增加成本。

激发剂的种类和超细矿物掺合料对碱激发矿渣水泥混凝土的坍落度和坍落度损失有重要影响。少量的超细高炉矿渣或粉煤灰替代硅酸盐水泥可以调整胶凝材料的粒径分布，降低体系的初始孔隙率，从而改善新拌混凝土的工作性能。此外，矿渣的细度和温度也会影响碱激发矿渣水泥混凝土的工作性能。在一定范围内，碱激发矿渣混凝土的流动性随着矿渣的细度增加而变大。温度对碱激发矿渣混凝土的坍落度也有影响，当水灰比为0.45时，随温度升高，坍落度会先增大后减小。

水玻璃碱当量和模数也会影响碱矿渣混凝土的坍落度。图4-3-3中，碱矿渣混凝土的坍落度随碱当量增加而增大，这是因为水玻璃中的碱组分有一定的塑化效果。碱当量较小时（4%和6%），水玻璃模数对碱矿渣混凝土坍落度影响不明显；当碱当量增加至8%时，碱矿渣混凝土坍落度明显随模数增加而增大。

（2）碱激发矿渣混凝土的力学性能

骨料的特性和用量对混凝土的强度产生重要影响。当将骨料加入混凝土中时，骨料会吸收一部分水，并在表面形成润湿层，这将降低水与矿渣的比例。在给定水和矿渣比以及碱激

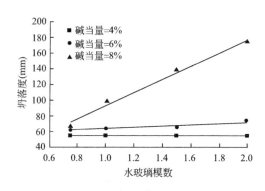

图4-3-3 水玻璃碱当量和模数对碱矿渣混凝土坍落度的影响

发剂用量相同的情况下，碱激发矿渣混凝土的早期强度会比碱激发矿渣净浆的强度更高。超细掺合料的掺入能降低体系的初始孔隙率，可以改善硬化混凝土的强度。

碱激发矿渣混凝土在硬化后的自收缩和干燥收缩比硅酸盐水泥混凝土更为显著。与硅酸盐水泥混凝土不同的是，碱激发矿渣混凝土中，骨料或加强筋与水泥浆体之间不存在多孔的脆弱界面过渡区。骨料或加强筋与碱激发矿渣水泥浆体之间的粘结力远高于其与硅酸盐水泥浆体之间的粘结力。

碱激发剂的用量也会对混凝土的力学性能产生影响。采用液态 $Na_2O \cdot nSiO_2$ 与 NaOH 作为碱激发剂，研究了不同 NaOH 掺量对试件抗压强度的影响，试验中，NaOH 掺量为 0、1.78%、3.56%、5.33%、7.11%、8.89%，制备的混凝土试件分别标记为 J-1、J-2、J-3、J-4、J-5、J-6，碱激发试件抗压强度如图4-3-4所示。由图可知，掺入 NaOH 后，试件抗压强度与未掺入 NaOH 相比显著增长，且随着 NaOH 掺量的增加，试件的抗压强度呈现先增后减的趋势，NaOH 的最优掺量为 5.33%。这可能是由于适量的 NaOH 掺量的提升可以显著提高聚合反应的 pH，从而可以提高活性钙、硅与铝等聚合反应活性，显著提高聚合反应速率并提升聚合产物形成量，使试件微观结构更密实，抗压强度提高；而过量的 NaOH 会使活性钙、硅与铝等聚合反应活性降低，从而使抗压强度降低。

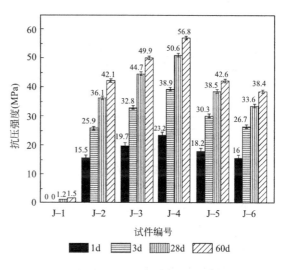

图4-3-4　碱激发试件抗压强度

（3）碱激发矿渣混凝土的耐久性

耐久性是混凝土最重要的特性之一。混凝土是一种耐久的材料，然而，如果不采取一些适当的预防措施，混凝土很容易受到各种外界环境的侵蚀。通常认为，碱激发混凝土比普通硅酸盐水泥混凝土表现出更好的抗侵蚀性，但收缩更大。许多研究者已经证实，在适当的配合比设计和给定的水灰比或水渣比下，碱激发矿渣水泥浆体的总孔隙率和毛细孔率明显低于普通硅酸盐水泥浆体，从而具有更低的渗透性。然而，当激发剂量固定时，水渣比的增加会导致碱激发水泥的孔结构和渗透性的变化相对于水灰比被稀释，同时也会减弱碱的激发效果。

根据研究结果，对于给定的水灰比或水渣比，碱激发水泥浆体含有更多的凝胶孔，而普通硅酸盐水泥含有更多的毛细孔。与硅酸盐水泥混凝土类似，碱激发矿渣水泥混凝土的抗冻性主要取决于孔溶液的化学成分、结冰速率和养护条件。激发剂对碱激发水泥混凝土的抗冻性也有显著影响。使用 $Na_2O \cdot nSiO_2$ 激发剂的矿渣水泥混凝土通常具有最低的孔隙率、最高的强度和最好的抗冻性。矿渣的特性对通过蒸养方法制备的碱激发矿渣水泥混凝土的抗冻性没有影响，而矿渣的碱度对室温条件下养护的混凝土的抗冻性有较大影响，含有酸性矿渣的混凝土的抗冻性较差。

冻融循环下激发剂模数对碱矿渣混凝土的断裂性能具有重要的影响，如图4-3-5和图

4-3-6所示，碱矿渣混凝土的断裂能和断裂韧度随模数增加先增加后降低，当模数为1.6时，达到最大值。这是因为当碱当量一定时，碱激发剂中水玻璃模数越高，其SiO_2胶体含量就越高，可以形成更多的C-S-H凝胶，填充混凝土内部孔隙，提高混凝土的强度，但是当$Na_2O \cdot nSiO_2$模数过高时，由于碱当量不足，导致部分SiO_2无法和Na_2O以及其他材料充分结合形成凝胶，不利于混凝土强度的发展，从而导致混凝土强度降低。冻融循环后的碱矿渣混凝土断裂能和断裂韧度均有明显下降，冻融循环次数越大，其下降幅度越大，其中模数为1.6时的碱矿渣混凝土的断裂冻融损伤最小，抗冻性较好。

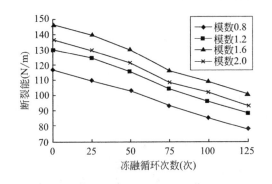

图4-3-5　冻融循环下碱矿渣混凝土断裂能

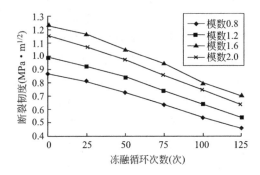

图4-3-6　冻融循环下碱矿渣混凝土断裂韧度

碱激发水泥的抗侵蚀性能主要受到水泥的化学组成、硫酸盐溶液的浓度和类型的影响。在Na_2SO_4溶液中，碱激发水泥表现出良好的抗侵蚀性能，并且与水泥的化学成分无关。相比硅酸盐水泥混凝土，碱激发矿渣水泥混凝土的抗硫酸盐性能更强。在Na_2SO_4溶液中，碱激发矿渣水泥甚至比抗硫酸盐水泥还具有更好的抗侵蚀性能。激发剂的特性对碱激发矿渣水泥的抗侵蚀能力有显著影响。在给定密度下，各种激发剂对水泥抗侵蚀性能的影响顺序为：$NaOH < Na_2CO_3 \approx Na_2SiO_3 < Na_2Si_2O_5 < Na_2O \cdot 2.65SiO_2$。

碱骨料反应是指混凝土中的碱与骨料发生化学反应，导致膨胀和开裂现象。这种反应可以分为两类：碱-硅反应和碱-碳酸盐反应。碱-硅反应是由混凝土中的碱与部分含硅骨料之间的化学反应引起的。反应产物是碱硅酸盐凝胶，该凝胶在吸湿后会膨胀，导致混凝土发生膨胀和开裂。碱-碳酸盐反应是指碱与碳酸盐骨料中的白云石发生去白云石化的化学反应。这种反应也会引起混凝土的膨胀。混凝土中的碱含量是碱骨料反应发生的关键因素之一。通常情况下，碱激发矿渣水泥和混凝土中含有3% ~ 5%Na_2O（以矿渣质量计算）的碱。因此，在使用碱激发水泥和碱活性骨料的混凝土中，人们普遍担心碱骨料反应的发生。加入火山灰材料，如粉煤灰、硅灰和偏高岭土，可以减小甚至消除碱骨料反应产生的膨胀。激发矿渣混凝土的碱骨料反应的主要特征有：不论使用何种激发剂，混凝土的膨胀主要发生在30 ~ 60d，并最终达到一个稳定值。膨胀值随着碱含量、活性骨料含量和矿渣碱度的增加而增大，同时随着水胶比的减小而增大；当碱活性骨料的含量低于5%时，无论使用何种激发剂和掺量，碱激发水泥的膨胀值都小于允许的临界值；对于碱激发的硅酸盐矿渣水泥而言，随着矿渣含量的增加，膨胀值会减小，因此，在使用碱激发矿渣混凝土时，当含有碱活性骨料时，必然会发生碱骨料反应，而膨胀值的大小则取决于骨料的特性和水泥的组成。

数值模拟是研究混凝土碱骨料反应发展、混凝土膨胀变形及力学损伤等的有效方法。为克服混凝土变形问题，开展了多尺度膨胀的数值模拟研究（图4-3-7、图4-3-8）。以混凝土重力坝宏观尺度与细观尺度的热学-化学-湿度-力学耦合模型为基础，以碱当量、硅当量、相对湿度、孔隙率、渗透率、外界荷载以及温度等因素为主要变量，开展了温度和相对湿度等环境条件的变化对混凝土重力坝热学-化学-湿度-力学模型影响的研究。研究表明，温度、相对湿度以及外部荷载均会影响碱-硅反应的膨胀率，进而影响结构的膨胀或收缩。较高湿度条件下，碱-硅反应的潜伏时间常数提高，造成碱-硅反应引起混凝土结构更早破坏。该模型综合考虑众多因素的影响，适用于碱-硅反应引起混凝土多尺度变形的模拟分析。碱骨料反应数值模拟研究取得了一定的进展，但是碱骨料反应过程复杂，影响因素繁多，仍有待进一步深入研究。在工程建设中应采取有效的预防控制措施降低碱骨料反应发生的潜在风险，保证混凝土建筑工程的长效安全运行。

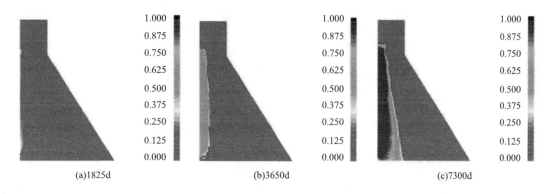

图4-3-7　宏观尺度下的碱－硅反应数值模拟云图

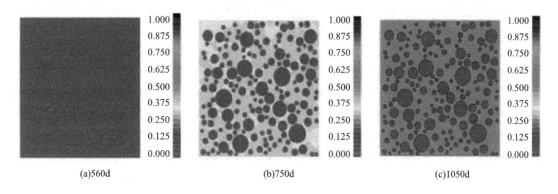

图4-3-8　细观尺度下的碱－硅反应数值模拟云图

4.3.2　碱激发偏高岭土或碱激发粉煤灰混凝土

碱激发偏高岭土混凝土和碱激发粉煤灰混凝土具有优越的耐腐蚀性和耐久性，能够适应恶劣的环境条件，延长建筑物的使用寿命。偏高岭土和粉煤灰作为混凝土掺合料，能够减少水泥用量，降低二氧化碳排放量，符合绿色建材的发展趋势。

（1）碱激发偏高岭土或粉煤灰混凝土的工作性能

碱激发剂的种类会对碱激发粉煤灰混凝土的流动性产生影响。在粉煤灰掺量为20%时，掺入$Ca(OH)_2$、$NaOH$、Na_2SO_4、$CaSO_4$、Na_2CO_3、水玻璃等碱激发剂，分别标记为20%-1、20%-2、20%-3、20%-4、20%-5、20%-6。由图4-3-9可知，效果最为明显的是Na_2CO_3，流动性为不掺碱激发剂（20%-0）的150%。

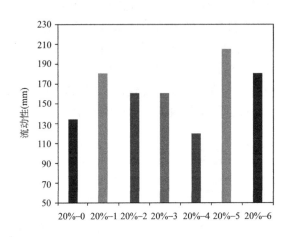

图4-3-9 粉煤灰20%时掺入各碱激发剂的流动性

（2）碱激发偏高岭土或粉煤灰混凝土的力学性能

碱激发偏高岭土或碱激发粉煤灰混凝土的强度受多种因素影响，其中包括激发剂的特性和用量、偏高岭土或粉煤灰的特性等。许多研究表明，使用碱金属氢氧化物和水玻璃或两者的复合，作为碱激发偏高岭土或碱激发粉煤灰混凝土的激发剂，水玻璃的激发效果通常比碱金属氢氧化物的更好。此外，水玻璃的模数对碱激发偏高岭土或碱激发粉煤灰混凝土的强度发展同样也是重要的。研究表明，当使用$NaOH$将水玻璃的模数从1.64降至1.00左右时，过剩的或未反应掉的$Na_2O \cdot nSiO_2$会结晶出来，这些片状的晶体能够增强浆体的强度。此外，未反应掉的粉煤灰球状颗粒与基体有很强的粘结力，也有助于结构的强度。因此，这些因素解释了为什么基体的强度随水玻璃模数的减小而提高。值得注意的是，激发剂的碱金属也会影响碱激发偏高岭土或碱激发粉煤灰混凝土的凝结、硬化和强度。在同样的条件下，使用钾基激发剂比使用钠基激发剂能够产生更高的强度。但是，加入氯盐可能会对碱激发粉煤灰混凝土产生负面作用。最后，需要指出的是，在一定材料组成和养护条件下，碱激发粉煤灰混凝土的强度随着碱浓度的增大而增高，但是当达到一定值时，强度可能不再增加。

商业生产的偏高岭土通常具有高纯度和良好的稳定性。然而，粉煤灰的质量因来源不同而变化。影响粉煤灰潜在活性的因素包括活性硅含量、玻璃相含量和颗粒尺寸分布。在粉煤灰中，碳是引起烧失量的主要原因之一，对碱激发粉煤灰混凝土的强度有着重要的影响。随着粉煤灰中碳含量的增加，碱激发粉煤灰混凝土的强度呈现直线快速下降的趋势。

粉煤灰掺量为20%时，掺入$Ca(OH)_2$、$NaOH$、Na_2SO_4、$CaSO_4$、Na_2CO_3、水玻璃等碱激发剂，分别标记为20%-1、20%-2、20%-3、20%-4、20%-5、20%-6，测试了其对碱激发

粉煤灰混凝土抗压强度的影响。由图4-3-10可知，碱激发剂的掺入对抗压强度影响不明显。

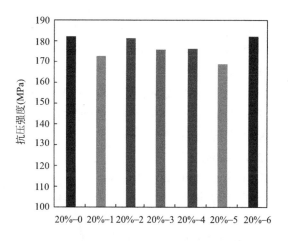

图4-3-10　粉煤灰20%各碱激发剂的抗压强度

（3）碱激发偏高岭土或粉煤灰混凝土的耐久性

在5% H_2SO_4和HCl中，碱激发偏高岭土混凝土的耐酸腐蚀性优于硅酸盐水泥混凝土。此外，碱激发剂的特性也会影响碱激发偏高岭土或粉煤灰混凝土的耐腐蚀性。通过以NaOH激发粉煤灰混凝土，可以获得比以$Na_2O \cdot nSiO_2$激发的粉煤灰混凝土更好的酸溶液和硫酸盐溶液稳定性。另一项研究表明，使用钠-钾复合碱激发剂比单一的钠碱激发剂具有更好的耐腐蚀性。

碱激发偏高岭土在各种侵蚀性介质（去离子水、ASTM模拟海水、Na_2SO_4和H_2SO_4）中均具有良好的抗侵蚀性，这是因为在侵蚀性介质中无定形铝硅凝胶网络结构可以转变成晶体结构，形成的晶体结构可以发挥增强效果，在浸泡90d后，其力学性能得到稳定增长。碱激发粉煤灰混凝土也具有良好的抗化学侵蚀性能。养护条件对碱激发粉煤灰混凝土的耐久性有重要影响，如图4-3-11所示，经60℃的高温蒸汽养护后，试件（HA4J2.0、HA4J1.5、HA0J2.0和HA0J1.5）的氯离子迁移系数降低，说明高温蒸汽养护有助于改善碱激发粉煤灰混凝土的耐久性。这是因为60℃高温养护条件激发了粉煤灰的化学活性，生成了更多的水化产物，进而使经蒸汽养护的试件的氯离子迁移系数减小，抗氯离子渗透性增强。

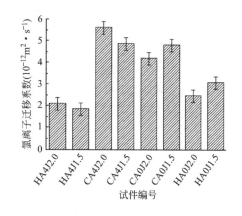

图4-3-11　各混凝土试件的氯离子迁移系数

4.3.3　其他种类的碱激发胶凝材料–混凝土

（1）碱激发高炉矿渣-钢渣混凝土

高炉矿渣粉作为水泥替代品在混凝土中得到了广泛的应用。钢渣直接替代水泥的一个问题是钢渣中游离的CaO和MgO会引起混凝土的良性膨胀。而在碱激发矿渣混凝土中，钢渣替代矿渣时，由于矿渣可以消耗游离的CaO或MgO，因此不存在膨胀的问题。此外，由于钢渣中石灰和结晶物的含量较高，碱激发矿渣混凝土的某些性能也得到了改善。钢渣在碱激发剂的作用下也会表现出更好的胶凝性能。由适量的高炉矿渣和钢渣组成的碱激发高炉矿渣-钢渣浆体的结构比纯碱激发高炉矿渣浆体更致密，从而可以改善混凝土的性能。同时，适当用钢渣替代高炉矿渣，可以减少水泥浆体和混凝土的收缩，提高混凝土的耐磨性。并且碱激发钢渣-高炉矿渣混凝土也具有优异的耐腐蚀性能。

图4-3-12中，K1～K6分别表示钢渣掺量分别为0、20%、30%、40%、50%、60%，在碱激发矿渣混凝土中引入钢渣后，混凝土的干燥收缩率在钢渣掺量为40%时最小。引入适量钢渣后，其水化生成的Ca(OH)$_2$和钢渣中少量游离CaO的微膨胀效应能减少碱矿渣混凝土的干缩。

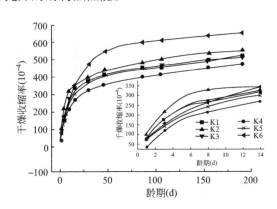

图4-3-12 不同钢渣掺量的碱激发钢渣-矿渣混凝土的干燥收缩率

（2）碱激发矿渣-粉煤灰混凝土

利用粉煤灰和矿渣制备新型碱激发混凝土，是"绿色建材"的重要内容之一，具有十分重要的实际意义和价值。当掺合量相同时，与单掺矿渣或单掺粉煤灰相比，复掺矿渣和粉煤灰会增强混凝土的后期强度。这是因为矿渣和粉煤灰之间的强度互补效应得到了充分发挥。水泥熟料水化先于粉煤灰的火山灰效应发生，导致未经反应的粉煤灰与凝胶之间的界面连接不够牢固。然而，当矿渣和粉煤灰同时添加到混凝土中，复合配制的效果能够在硬化过程中得到体现。早期发挥矿渣的火山灰效应来改善浆体和集料的界面结构，弥补早期强度损失。后期粉煤灰的火山灰效应会逐渐发挥作用，使得混凝土孔径细化，并加之未反应的粉煤灰颗粒的"内核作用"，从而持续提高混凝土后期强度。碱激发剂的含量会对碱激发矿渣-粉煤灰复合混凝土的强度产生影响，随着碱激发剂中Na$_2$O含量的增加，同一龄期混凝土抗压强度逐渐增大，Na$_2$O含量从3%增加到4%时，混凝土强度增幅较大，大于4%时增幅显著降低，不同Na$_2$O含量、不同龄期混凝土抗压强度如图4-3-13所示。

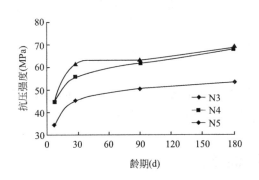

图4-3-13 不同Na$_2$O含量、不同龄期混凝土抗压强度

（图中N3、N4、N5表示Na$_2$O含量为3%、4%、5%）

碱激发矿渣-粉煤灰复合混凝土的吸水率会受到碱激发剂含量的影响。采用NaOH与水玻璃碱激发剂，研究了碱激发剂中不同Na$_2$O含量对混凝土吸水率的影响，不同Na$_2$O含量、不同时间混凝土吸水率如图4-3-14所示。由图可知，随着Na$_2$O含量的增加，相同浸水时间试件的吸水率逐渐降低，这主要因为Na$_2$O含量的增加，导致混凝土中OH$^-$增加，胶凝材料凝结硬化速率加快，使混凝土构件更加密实，吸水率降低，从而可以改善混凝土的耐久性。粉煤灰和矿渣的复合掺入也可以提高混凝土的抗碳化性能和抗氯离子渗透性能。此外，碱激发矿渣-粉煤灰混凝土具有优良的耐硫酸盐和强碱侵蚀性能，克服了普通混凝土在碱性环境下腐蚀严重的缺点，使其在碱性环境的工程中具有广阔的应用前景。

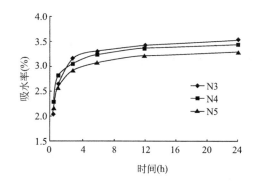

图 4-3-14　不同 Na_2O 含量、不同时间混凝土吸水率

碱激发胶凝材料的应用促进了建筑行业的绿色转型，推动了工业废弃物的再利用，相比传统硅酸盐水泥的生产，碱激发胶凝材料的制备过程无需经历"两磨一烧"等高能耗环节，降低了能源消耗，减少了碳排放，为构建低碳、环保的社会做出了积极贡献，在混凝土技术领域具有广阔的前景。随着技术的不断进步，碱激发胶凝材料-混凝土有望在未来得到更广泛的应用。

◆ 4.4　基于外加剂的低碳混凝土制备

混凝土外加剂是在混凝土拌制过程中为改善和调节混凝土性能而掺加的物质。混凝土外加剂的种类很多，包括减水剂、引气剂、缓凝剂、早强剂等。减水剂是一种重要的混凝土外加剂，它可以吸附在水泥和超细粉的表面形成同一种电荷，由于同一种电荷的静电排斥作用可以使内部游离的水释放出来参与流动，从而提高混凝土的流动性，萘系高效减水剂的作用机理示意图如图4-4-1所示。混凝土中加入适当的减水剂可以降低水灰比，减少水泥用量，提高混凝土的强度和密实性，减少空隙的产生，从而提高混凝土的抗冻、抗渗、抗腐蚀等耐久性能。最常用的减水剂主要是聚羧酸系和萘系减水剂，其减水率一般可以达到15%以上，高效减水剂的减水率甚至可以达到20%，是非常理想的外加剂。高效减水剂的使用在减少水泥用量、减少碳排放、保护环境、开发低碳混凝土方面起着重要作用。

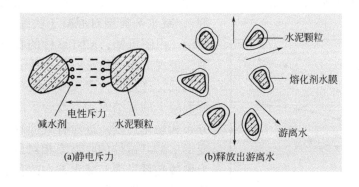

图 4-4-1　萘系高效减水剂的作用机理示意图

减水剂的掺量会影响混凝土的流动性和力学性能。适当地增大聚羧酸减水剂掺量，可以增强混凝土的流动性、和易性和抗弯拉强度，混凝土工作性能试验结果如表4-4-1所示，

混凝土抗弯拉强度变化曲线图4-4-2所示。当聚羧酸减水剂掺量为1%时，混凝土的流动性最好、和易性最优、抗弯拉强度最大。聚羧酸减水剂掺量超过1%后，混凝土的工作性能和抗弯强度下降，因此实际工程中建议减水剂掺量选择1%为最佳。

混凝土工作性能试验结果　　　　　　　　　　表4-4-1

聚羧酸减水剂掺量（%）	初始坍落度（mm）	1h后坍落度（mm）	坍落度损失值（mm）	和易性
0	46	31	15	黏聚性低、离析泌水
0.5	105	97	8	黏聚性高、保水性好
1	151	147	4	黏聚性高、保水性好
1.5	172	159	13	黏聚性高、离析泌水

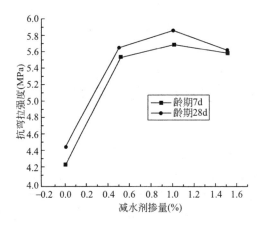

图4-4-2　混凝土抗弯拉强度变化曲线

聚羧酸系减水剂是公路改建工程中制备混凝土常用的外加剂之一，分为标准、缓凝和早强三种类型，为研究减水剂类型对混凝土收缩的影响，制备了三种混凝土试件：A2-1（聚羧酸系标准型减水剂）、A2-2（聚羧酸系缓凝型减水剂）、A2-3（聚羧酸系早强型减水剂），减水剂类型对混凝土收缩的影响如图4-4-3所示。由图可知，A2-1试件的收缩率处于中等水平，表现出相对稳定的收缩性能；A2-2试件收缩率最低，这是因为聚羧酸系缓凝型减水剂通过延缓混凝土的凝结时间，改善了混凝土内部的水分分布和硬化过程，进而有效抑制了混凝土的收缩变形；A2-3试件的收缩率相对最高，这可能是因为聚羧酸系早强型减水剂在改善混凝土早期强度的同时也会造成浆液内部水分迅速蒸发，进而产生较大的收缩变形。减水剂类型对混凝土的收缩性能影响显著，在实际工程中，应根据工程要求和混凝土性能的需求，合理选择减水剂的类型。

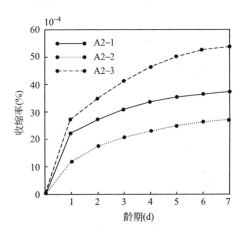

图4-4-3　减水剂类型对混凝土收缩的影响

减水剂的掺量也会影响混凝土的收缩性能。图4-4-4中，A1 ~ A5试件的减水剂掺量分别为0、0.4%、0.8%、1.2%、1.6%。混凝土的收缩率随减水剂掺量的增加先减小后增大，当减水剂掺量为1.2%时，试件的收缩率最低。过高的减水剂掺量可能导致混凝土的工作性能下降，甚至对混凝土的强度产生不利影响。掺入适量的减水剂可以有效抑制混凝土的收缩变形，在实际工程中应根据工程具体情况，合理设定外加剂掺量。

膨胀剂同样是公路改建工程中制备混凝土常用的外加剂之一，主要包括氧化钙类、硫铝酸钙类、氧化镁类这几种类型，制备了三种混凝土试件：B2-1（氧化钙类膨胀剂）、B2-2（硫铝酸钙类膨胀剂）、B2-3（氧化镁类膨胀剂），研究了膨胀剂类型对混凝土收缩的影响，结果如图4-4-5所示。由图可知，氧化镁类膨胀剂对混凝土试件收缩率的降低效果最为显著，硫铝酸钙类膨胀剂次之，氧化钙类膨胀剂改性效果最差。这是因为氧化镁类膨胀剂在混凝土试件中产生了膨胀效应，从而补偿了混凝土的收缩。

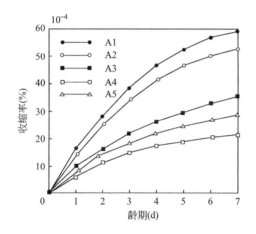

图4-4-4 减水剂掺量对混凝土收缩的影响

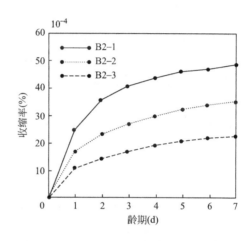

图4-4-5 膨胀剂类型对混凝土收缩的影响

减水剂的种类会影响混凝土的抗冻性。聚酯类聚羧酸系高性能减水剂（PC-319）和FDN萘系减水剂对混凝土抗冻性的影响，如图4-4-6和图4-4-7所示。由图可知，掺入聚羧酸减水剂的混凝土的抗冻性更好。在经历200次冻融循环后，掺聚羧酸高性能减水剂的混凝土质量损失率较低，动弹性模量保持率较高，达到72.1%。这是因为聚羧酸减水剂具有一定的引气功能，可以在混凝土中引入许多微小气泡，从而增加混凝土的抗冻性。因此，掺入PC-319聚羧酸高性能减水剂比FDN萘系减水剂更能提高混凝土的抗冻融破坏性能。

基于外加剂的低碳混凝土制备是目前应用较为广泛的一种低碳混凝土制备方法。混凝土外加剂对混凝土材料的可持续发展有以下推动作用：混凝土外加剂的生产本身利用了大量的工业液、固体废弃物；混凝土外加剂的应用影响了混凝土的流动性，降低了施工能耗；减少了水泥用量，并消耗大量粉煤灰、矿渣粉等工业固体废渣，大幅度降低了混凝土材料的碳排放量；大大改善了混凝土的耐久性，减少了修补和重建所消耗的原材料；利用超早强作用节约了预制混凝土的养护能耗；合理改善混凝土性能，实现混凝土拌合物的全商品化供应。此外，基于外加剂的低碳混凝土制备需要严格控制原材料的质量和处理方式，并根据工程需要进行比例和配合比的调整，以保证最终形成的低碳混凝土构件具有优良的低碳效果和力学性能。

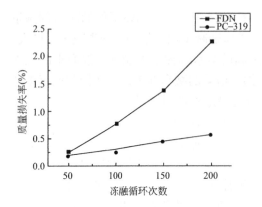

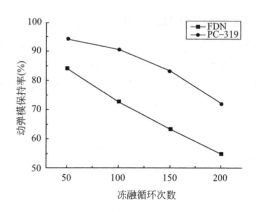

图 4-4-6　减水剂品种对混凝土

质量损失率的影响

图 4-4-7　减水剂品种对混凝土

动弹性模量保持率的影响

综上所述，基于外加剂的低碳混凝土制备方法具有操作简单、成本可控、效果显著等优点，已经被广泛应用于工程实践中。同时，在不断推进科技创新和研发的基础上，基于外加剂的低碳混凝土制备方法也将得到更好地发展和应用。

◆ 4.5　混凝土体系绿色设计

通过优化混凝土配合比可以实现混凝土体系绿色设计。通过精确控制混凝土的配合比，包括水胶比、粉料用量等关键参数，可以减少水泥的使用量，同时保证混凝土的强度和耐久性。这种技术有助于降低混凝土的生产成本，减少对环境的影响，为实现绿色建筑的目标提供了有力支持。

优化混凝土配合比，首先应做好混凝土原材料选择工作，优质的原材料可以有效提升混凝土的整体耐久性和强度，要确保水泥材料质量、做好矿物掺合料的挑选工作、挑选合适的骨料和外加剂，混凝土材料配合比参数如表4-5-1所示。为进一步强化混凝土材料的配合比，要求相关设计人员在参与配合比之前，重点做好相关原材料性能研究工作，同时应重点分析水胶比、水泥材料用量、矿物质掺和率等参数对混凝土材料性能产生的影响。应对混凝土材料配合比阶段出现的问题进行分析，并以此为基础提出对应的配合比优化方案，在优化设计时需严格控制混凝土材料配合比阶段使用的各类材料参数，严格根据配合比要求控制用水量、水泥含量，提升混凝土材料应用价值同时减少水泥用量，从而降低碳排放。

混凝土材料配合比参数　　　　　　　　　　　　　　　　　表 4-5-1

材料	参数		
水泥	P·O 42.5	标准稠度	需水量28.3%，抗压强度55.1 MPa
粉煤灰	F类Ⅰ级粉煤灰	细度8.5%	需水量93%，烧失量3.4%
外加剂	高效缓凝减水剂	降水率24%	
细骨料	细度模数2.7	Ⅱ区中砂	含泥量1.0%，泥块含量0.5%
粗骨料	粒度5～25mm	连续级配碎石	含泥量0.9%，针片状含量7.0%，压碎值6%

4.6　我国低碳混凝土体系的进展

近年来，我国在低碳混凝土领域已经取得了一些显著的进展。不少企业开始关注低碳混凝土的生产和研发，并推出了一系列新产品和新技术。这些企业通过优化混凝土配合比设计、采用低碳原材料、添加矿物掺合料等方法，成功生产出了具有优良性能的低碳混凝土。同时，这些企业还开发了低碳混凝土的生产技术和设备，如新型搅拌站、新型泵车等，显著提高了低碳混凝土的生产效率和质量。除此之外，这些企业还积极参与绿色建筑和建筑工业化的推广和应用，为推动我国建筑业的可持续发展做出了重要的贡献。这些举措不仅有助于降低建筑业的碳排放，还可以促进建筑业在节能、环保、智能化等方面的发展，为我国实现经济转型升级和可持续发展目标作出了积极贡献。

我国在高铁、桥梁等基础设施建设中广泛采用了低碳混凝土技术。例如，北京大兴国际机场（图4-6-1）在建设中，通过使用辅助胶凝材料和控制混凝土配合比，成功降低了碳排放量，并提高了结构的强度和耐久性。据推算，北京大兴国际机场航站楼比同等规模的机场航站楼能耗降低20%，每年可减少CO_2排放22千t。在跑道和停机坪等工程中，应用了重载水泥混凝土铺面关键技术，提高了路面的稳定性和耐久性，减少了因路面损坏导致的维修次数和材料浪费，从而减少了与路面维修相关的碳排放。建设过程中，在混凝土拌合物中引入了高效引气材料，通过在混凝土拌合物中引入大量气泡，减少碎石之间的阻力，消除空气泡带来的蜂窝麻面现象，使混凝土拌合物经过振捣变得紧实、致密，改善了混凝土的工作性能和耐久性。高效引气材料能够提高混凝土的流动性和可加工性，可以在保持混凝土性能的前提下减少水泥的用量，从而降低碳排放。大兴机场绿色建筑占比达100%，70%以上的建筑达到中国最高等级的三星级绿色建筑标准。

图4-6-1　北京大兴国际机场

上海环球金融中心（图4-6-2）在建设过程中，通过使用粉煤灰等辅助胶凝材料，改善了混凝土的耐久性和可塑性，减少了水泥用量，降低了碳排放，促进了建筑行业绿色发展。上海环球金融中心还采用了太阳能光伏发电系统等综合节能措施，减少了建筑物的能源消耗和碳排放量。上海环球金融中心获得了LEED铂金级绿色建筑认证，其在设计、施工、维护和运营操作方面都达到了绿色建筑的高标准。

图4-6-2　上海环球金融中心

包银高铁银巴支线沙冬青特大桥（图4-6-3）在建设中，通过优化配合比、使用高性能外加剂和环保材料等方式，提高了混凝土的强度和耐久性，减少了水泥等原材料的用量，从而降低了生产过程中的碳排放。沙冬青特大桥在建设中使用的高性能外加剂具有高减水率、高抗离析性、保持流动性能强和抗冻、抗渗、耐久性优良等特点，能够在低粉体材料用量条件下实现自密实性，解决了高速铁路无砟轨道结构充填层均匀充填密实成型的难题，这些外加剂的应用不仅提高了混凝土的性能，还减少了水泥等原材料的用量，进一步降低了碳排放。

随着科技的不断进步和环保意识的日益增强，低碳混凝土将在建筑行业发挥更加重要的作用，为应对全球气候变化做出积极的贡献。总体而言，虽然我国在低碳混凝土领域已经取得了一定的进展，但仍需进一步加强研究和推广应用，以不断提升混凝土产业的可持续发展水平。

图4-6-3　包银高铁银巴支线沙冬青特大桥

◆ 习题

（1）传统混凝土体系的碳排放主要来自哪个环节？有什么措施可以减少混凝土的碳排放？

（2）辅助胶凝材料如粉煤灰、硅灰和矿渣在低碳混凝土中起到了什么作用？它们对混凝土性能有何影响？

（3）碱激发胶凝材料如碱激发矿渣在低碳混凝土中的应用有哪些优势？这些材料对混凝土性能有何影响？

（4）基于外加剂的低碳混凝土制备方法是如何实现低碳目标的？常用的外加剂有哪些？它们如何改善混凝土的性能和降低碳排放？

（5）在绿色设计中，除了制备低碳混凝土，还有哪些因素需要考虑？例如，可持续材料选择、节能设计等。

（6）低碳混凝土体系对建筑行业和环境的影响是什么？它们在可持续发展中的作用和重要性是什么？

第 **5** 章　混凝土耐久性与服役寿命

◆ 学习目标

（1）了解什么是混凝土的耐久性。

（2）了解混凝土的几大常见耐久性问题及其出现的原因。

（3）掌握混凝土耐久性的提升方法。

◆ 5.1　越长寿，越低碳

自1824年波特兰水泥诞生以来，人类便开启了混凝土建筑的历史。但与此同时，混凝土的耐久性问题也相伴而生。早期，波特兰水泥主要用于建设大量的海岸防波堤、码头、灯塔等。这些构造物长期暴露在外部环境中，受到物理作用（波浪冲击、泥砂磨蚀以及冰冻作用）和化学作用（海水中的盐分溶解）的强烈影响，导致这些构造物迅速损坏，引发了大量的维修、加固与重建工作，带来了资源消耗和碳排放的增加。

国内外统计资料显示，混凝土结构耐久性病害导致的损失巨大，且这一问题的严重性日益凸显。调查显示，美国1975年因腐蚀导致的损失达700亿美元，1985年则增至1680亿美元。英国英格兰岛中部环形快车道上的11座混凝土高架桥，建造时花费2800万英镑，但到1989年维修费用已达4500万英镑，是原造价的1.6倍。预计未来15年还将花费1.2亿英镑，累计费用接近原造价的6倍，这表明结构耐久性问题所造成的损失大大超出了人们的预估。在我国，混凝土结构耐久性问题同样严峻。据1986年国家统计局和建设部对全国城乡28个省、自治区、直辖市的323个城市和5000个镇进行普查的结果，我国现有城镇房屋建筑面积46.76亿 m^2，占全部房屋建筑面积的60%，已有工业厂房约5亿 m^2，覆盖的国有固定资产超过5000亿元。这些建筑物中约有23亿 m^2 需要分期分批进行评估与加固。而其中半数以上亟需维修加固之后才能正常使用。若在新的混凝土结构设计初期时考虑混凝土耐久性问题，设置耐久性提升措施和相应构造措施，可以延长混凝土的寿命，从而大幅降低维修、加固与重建工作带来的资源消耗和碳排放。

◆ 5.2　混凝土耐久性

混凝土耐久性是指混凝土材料在各种环境因素的作用下，能够长期保持其良好的使用性能和外观完整性，从而确保混凝土结构的安全、正常使用的能力。每年由混凝土耐久性失效引起的损失是巨大的，钢筋混凝土结构性能劣化案例如图5-2-1所示，虽然近年来多国政府以及学者们对耐久性问题更加重视，但是仍未找到改善耐久性问题的方法。

图5-2-1　钢筋混凝土结构性能劣化案例

5.2.1　混凝土耐久性早期研究阶段

早期混凝土耐久性的研究主要集中在了解海上构筑物中混凝土的腐蚀情况，以观察、调研分析为主。在19世纪40年代，为了探究当时建成的码头被海水破坏的原因，优秀的法国工程师Buka对水硬性石灰以及用石灰和火山灰制成的砂浆性能进行了耐久性研究，并著有《水硬性组分遭受海水腐蚀的化学原因及其防护方法的研究》一书。随着钢筋混凝土构件的问世并首次应用于工业建筑物，人们开始关注钢筋混凝土在化学活性物质腐蚀条件下的安全性以及在工业大气环境中的耐久性问题。

5.2.2　混凝土耐久性早期系统化研究阶段

在20世纪20年代初，随着结构计算理论及施工技术的逐渐成熟，混凝土结构开始被广泛采用，应用的领域也日益扩大。然而，这也导致了新的耐久性损伤类型的出现。为了应对这个问题，人们开始有针对性地进行研究。1925年，美国开始在硫酸盐含量极高的土壤内进行长期试验，旨在获取混凝土在25年、50年乃至更长时间的腐蚀数据。同时，联邦德国钢筋混凝土协会也利用混凝土构筑物遭受沼泽水腐蚀而损坏的事例，进行了一次长期试验，以研究混凝土在自然条件下的腐蚀情况。

从1934年到1954年，苏联的学者们对混凝土在海水中的耐久性进行了试验研究，并发表了一份关于海上码头混凝土工程耐久性的总结报告。这些研究提供了大量有关混凝土结构在自然条件下使用情况的可靠数据，以及关于水泥种类、混凝土配合比和某些生产因素对混凝土抗蚀性影响的相关见解。

20世纪40年代，美国学者Stanton首次发现并定义了碱-集料反应。此后，混凝土结构的耐久性问题在许多国家都受到了高度重视。1945年，Powers等人从混凝土的微观结构出发，分析了孔隙水对孔壁的作用，提出了静水压假说和渗透压假说，开始了对混凝土冻融破坏的研究。

1951年，苏联学者DakB和MocKaH最先开始研究混凝土中钢筋锈蚀的问题。他们的目的是解决混凝土保护层最薄的部分——薄壁结构的防腐问题，以及使用高强度钢制作钢筋混凝土构件的问题。同时，在大量研究工作的基础上，各国相继制定了相关的防腐标准规范，为建筑物具有足够耐久的混凝土结构奠定了基础。

5.2.3　混凝土耐久性的国际化发展阶段

进入20世纪60年代，混凝土的使用已进入高峰期，同时混凝土耐久性研究也掀起了一个高潮，并且开始朝着系统化、国际化的方向发展。1960年，国际材料与结构研究所联合会（RILEM）成立了混凝土中钢筋腐蚀技术委员会（12-CRC），旨在推动混凝土结构耐久性研究的发展，使得混凝土结构的正常使用逐渐成为国际学术机构和国际性学术会议的重要议题之一。随后，RILEM于1961年和1969年相继召开了国际混凝土耐久性学术会议；1970年在布拉格召开了第六届、第七届国际水泥化学会议；1978～1993年，连续召开了六次有关建筑材料与构件的耐久性国际学术会议。此外，1987年，国际桥梁与结构协会（IABSE）在巴黎召开了"混凝土的未来"国际会议；1988年在丹麦召开了混凝土结构的重新评估国际会议；1989年，在美国和葡萄牙举办了有关结构耐久性的国际会议。1991年，美国和加拿大联合举行了第二届混凝土结构耐久性国际学术会议。1993年，IABSE在丹麦哥本哈根召开了结构残余能力国际学术会议；2001年3月，IABSE代表相关组织和协会在马耳他岛召开了"安全性、风险性与可靠性——工程趋势"的国际学术会议。

这些学术活动的开展大大加强了各国学术界之间的合作与交流，取得了显著的成果。部分科研成果已应用于工程实践并成为指导工程设计、施工、维护等的标准性技术文件。例如，美国ACI437委员会在1991年的"已有混凝土房屋抗力评估"的报告中，提出了检测试验的详细方法和步骤；日本土木学会混凝土委员会于1989年制定了《混凝结构物耐久件设计准则（试行）》；1992年，欧洲混凝土委员会颁布的《耐久性混凝土结构设计指南》反映了当时欧洲混凝土结构耐久性研究的水平；2001年，亚洲混凝土模式规范委员会公布了《亚洲混凝土模式规范（ACMC2001）》，提出了基于混凝土性能的设计方法。

5.2.4　我国的混凝土耐久性研究

自20世纪60年代开始，我国开始了混凝土耐久性的研究。初期，研究主要集中在混凝土的碳化和钢筋的锈蚀方面。到了80年代初，我国对混凝土耐久性的研究得以深入和广泛，取得了诸多显著成果。中国土木工程学会于1982年和1983年连续两次组织了全国性的耐久性学术会议，为后续混凝土结构相关规范的修订奠定了坚实的基础，并进一步推动了耐久性研究的发展。

随后，相关部门和学会针对混凝土结构的腐蚀问题进行了大量的试验研究，积累了大量的试验数据。与此同时，各大高等院校也在科学研究方面做出了巨大的贡献，为混凝土耐久性的研究提供了深入的见解。

1994年，国家科委启动了基础性研究重大项目"重大土木与水利工程安全性与耐久性的基础研究"，取得了丰硕的研究成果。2000年5月，在杭州举行的土木工程学会第九届年会学术讨论会上，混凝土的耐久性成为大会的重要主题之一。与会者一致认为，必须更加重视工程结构耐久性的研究。2001年11月，在北京举行的工程科技论坛上，众多相关领域的专家和学者围绕土建工程的安全性与耐久性问题进行了热烈的讨论，这使混凝土耐久性问题得到了前所未有的重视。

值得一提的是，2009年我国首部《混凝土结构耐久性设计规范》GB/T 50476—2008正式发布。这部规范在国内首次全面、系统地提出了混凝土结构耐久性设计与施工的基本法则和较详细的方法，以及正常维修和必要的定期检测要求。这为科研院所、设计单位及施工单位设计与建造具有高耐久性的混凝土结构提供了科学的依据。

总的来说，混凝土耐久性研究经历了从早期的单一问题研究到系统化、国际化发展的过程。随着时间的推移，研究范围不断扩大，方法日益精进，成果逐渐应用于实际工程中。我国在这一领域的研究起步较晚，但发展迅速，尤其是在21世纪初期取得了显著进展。2008年《混凝土结构耐久性设计规范》GB/T 50476的发布，标志着我国混凝土耐久性研究进入了一个新的阶段。这些研究为设计和建造高耐久性混凝土结构提供了科学依据，也为未来的研究指明了方向。

随着研究的深入，人们认识到混凝土的耐久性能与其服役环境密切相关。针对不同的环境条件，如氯离子侵蚀、硫酸盐侵蚀、冻融、碳化等，研究者们提出了相应的研究方法、破坏原因及对应环境下的混凝土耐久性参数要求，这些将在下一节中详细讨论。

◆ 5.3 多样环境下混凝土耐久性

5.3.1 氯盐侵蚀环境下混凝土耐久性

（1）氯盐侵蚀环境

氯盐对于钢筋混凝土结构而言算是最危险的侵蚀介质之一，应引起高度重视。氯盐侵蚀环境主要包括滨海及海洋环境、盐渍土环境和除冰盐环境等。

在这些环境中，滨海及海洋环境对混凝土结构的侵蚀破坏最为常见、典型和严重。世界各地的学者根据海工结构典型结构部位所处的位置及海水作用的不同，将滨海及海洋环境的氯盐侵蚀环境分为三种主要区域环境：

1）大气区：处于满潮线之上的混凝土构件部位，主要受到潮湿空气中氯离子渗入和空气中二氧化碳的碳化影响。通常，这两种作用的耦合会导致钢筋的腐蚀，其中氯盐侵蚀作用尤为显著。

2）海水浪溅区、水位变动区：海潮和海浪的飞沫常常溅射到混凝土表面，导致海水的干湿循环、冻融循环、海浪冲刷等影响。这是海洋环境中氯离子侵蚀最为严重的部位。

3）水下区：处于海水低潮线以下的部分，碱骨料反应、化学分解、浮游生物和微生物的侵蚀作用导致氯离子的侵蚀速度相对较小。由于水下区混凝土中的水不易结冰，因此冻融循环的影响较小。同时，由于缺乏钢筋锈蚀所需的氧气，钢筋的锈蚀破坏情况并不严重。

在这三种滨海及海洋区域环境中，大气区、海水浪溅区、水位变动区和低潮线以下的水下区都有其独特的侵蚀特点，这些特点对混凝土结构的耐久性提出了不同的挑战。

盐渍土环境主要是指土壤中含有过量可溶性盐类的区域，通常发生在干旱和半干旱地区。根据中国土壤分类系统，当土壤中可溶性盐含量超过0.3%时，被称为盐渍土。同样地，盐湖和盐渍土环境的混凝土结构，仍可依据结构部位，分为水下/土下区、干湿交替区、大气区，破坏风险大小依次为：干湿交替区＞水下/土下区＞大气区。

除冰盐环境：主要存在于寒冷地区的道路及其周边区域，是由于冬季使用除冰剂（通常为氯化物）而形成的特殊环境。根据美国运输研究委员会的报告，每年北美地区使用的除冰盐超过2000万t。除冰盐环境具有明显的季节性特征，冬季道路表面的氯离子浓度可达10000～20000mg/L。这种高浓度的氯离子环境不仅会加速混凝土中钢筋的腐蚀，还可能导致混凝土表面剥落。此外，除冰盐的反复冻融作用会加剧混凝土的物理损伤，进一步降低其耐久性。

（2）氯盐侵蚀混凝土机理

氯离子侵蚀引发钢筋混凝土耐久性失效的过程可分为如下几个阶段：

1）氯离子侵入混凝土：氯离子在混凝土的传输行为极其复杂，受多种因素的影响。根据氯离子传输的驱动力不同，可将其传输行为划分为以下四种方式：渗透作用、扩散作用、毛细管作用、电迁移作用，该四种方式或单独存在，或以多个随机组合的方式存在。渗透作用即流体在外界压力梯度作用下，由高压力处流向低压力处，通常采用Darcy定律描述；扩散作用即离子在孔隙溶液中，在浓度梯度作用下，由高浓度处向低浓度处移动，通常采用Fick定律描述；毛细管作用即在孔隙结构非饱和状态下，孔隙溶液在孔隙的毛细管表面张力作用下流入孔隙，以平衡液面两侧压力而造成的流动，通常采用液面平衡的Laplace方程描述毛细管作用；电迁移作用即侵蚀离子在孔隙溶液中，在电位梯度作用下发生定向迁移，可用Nernst-Einstein方程描述。在实际研究中，毛细管作用和渗透作用通常被归类为对流作用。

2）氯离子破坏钢筋钝化膜：水泥水化产生的强碱性环境使得钢筋表面形成一层致密的钝化膜，对钢筋有很强的保护作用。然而，这种致密的钝化膜只有在高碱性环境中才能稳定存在。研究表明，当混凝土内部pH＜11.5时，钝化膜开始不稳定；当pH＜9.88时，钝化膜就难以形成，已形成的钝化膜也会逐渐破坏，从而降低对内部钢筋的保护作用。氯离子聚集于钢筋表面时，可优先吸附于局部钝化膜处，使该处的pH迅速降低（可降至4以下），从而破坏钢筋表面的钝化膜，进而降低混凝土内钢筋的承载能力。

3）形成腐蚀电池：由于氯离子半径较小，活性大，氯离子可以从钢筋钝化膜的缺陷处（位错、晶界等）渗入，将致密的钝化膜击穿并直接与金属原子发生反应，混凝土内氯离子诱导钢筋腐蚀示意图如图5-3-1所示。此时，未被击穿的大面积钝化膜区域是腐蚀电池的阴极，而内部的金属是腐蚀电池的阳极。这种大阴极、小阳极的腐蚀电池会导致钢筋表面产生腐蚀坑，且由于大阴极对应小阳极，腐蚀坑会迅速发展，这是氯盐侵蚀下钢筋锈蚀的主要特点。

4）去极化加速腐蚀：钢筋表面的氯离子不仅可以促进腐蚀电池的形成，还加速了腐蚀反应。氯离子与阳极反应产物Fe^{2+}结合生成$FeCl_2$，将阳极产物及时运走，使得阳极氧化过程进行顺利甚至加速了阳极反应。通常，阳极氧化过程受阻被称为阳极极化作用，而加速阳极极化作用被称为去极化作用，氯离子在此处正是发挥了去极化作用。然而，在氯离子诱导钢筋产生锈蚀的混凝土中是几乎找不到$FeCl_2$，这是因为$FeCl_2$是可溶盐，在向混凝土内扩散时可与OH^-反应生成$Fe(OH)_2$，然后转化为铁锈氧化物。因此，氯离子在发生腐蚀作用时起到了搬运

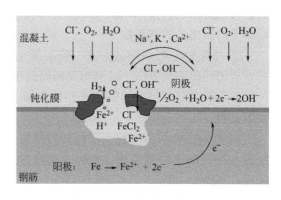

图5-3-1　混凝土内氯离子诱导钢筋腐蚀示意图

$FeCl_2$的作用，而本身却不会被消耗。氯离子周而复始地起到破坏作用，也称为氯离子的"催化剂"作用，这是氯离子导致钢筋锈蚀的突出特点之一。

5）混凝土锈胀开裂：随着氯离子的不断侵入，钢筋的锈蚀率不断增大，锈蚀产物在钢筋和混凝土界面大幅生成，锈蚀产物体积大幅增加产生膨胀应力，导致混凝土产生钢筋开裂剥落，最终导致混凝土结构或构件失效，氯离子侵蚀引起的钢筋混凝土破坏如图5-3-2所示。

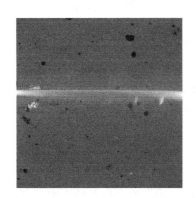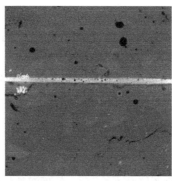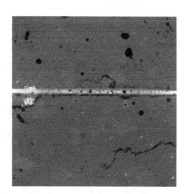

图5-3-2　氯离子侵蚀引起的钢筋混凝土破坏

（3）氯盐侵蚀环境下混凝土耐久性评估

在氯盐环境下，混凝土结构的耐久性评估是确保其长期性能和安全性的关键步骤。评估方法主要包括试验室测试、现场检测两大类，每种方法都有其特定的应用场景和优势。

1）试验室测试方法

试验室测试方法主要用于评估混凝土材料本身的抗氯离子渗透能力，常用的方法包括：

① 氯离子快速渗透性试验（RCPT）：这是ASTM C1202标准规定的方法，通过测量6h内通过混凝土试样的电荷量，来间接评估混凝土的氯离子渗透性。虽然操作简单快速，但该方法受混凝土孔隙溶液电导率的影响较大，可能导致结果偏差。

② 电迁移试验：基于Nernst-Planck方程，通过施加外部电场加速氯离子在混凝土中

的迁移。常用的有NT Build 492北欧标准方法，可以在较短时间内（通常24 ~ 48h）获得混凝土的氯离子扩散系数。

③ 非接触电阻率测试方法：将混凝土样品和溶液连接形成封闭回路，通过变压器原理对封闭回路施加电压，检测封闭回路的微电流，依据欧姆定律计算电阻率。结合Nernst-Planck方程确定混凝土的氯离子扩散系数，可在短时间内（30min）获得混凝土的氯离子扩散系数。

④ 浸泡试验：将混凝土试样浸泡在氯化钠溶液中，定期测量不同深度的氯离子含量，从而获得氯离子扩散系数。这种方法虽然耗时较长（通常需要90d或更长），但更接近实际服役条件。

⑤ 盐雾试验：模拟海洋环境中的盐雾侵蚀，评估混凝土表面的氯离子积累和渗透情况。这种方法特别适用于评估海洋环境中混凝土的耐久性。

2）现场测试方法

现场检测方法主要用于评估已建成结构的实际氯离子侵蚀情况，包括：

① 钻芯取样分析：从实际结构中钻取混凝土芯样，分层研磨后测定不同深度的氯离子含量，绘制氯离子浓度-深度曲线。这种方法可以直接反映结构的实际氯离子渗透情况，但具有一定的破坏性。

② 电化学阻抗谱（EIS）测试：通过测量混凝土-钢筋系统的电化学阻抗，评估混凝土的孔隙结构和钢筋的腐蚀状态。这是一种无损检测方法，可以实时监测结构的耐久性变化。

③ 半电池电位测试：根据ASTM C876标准，测量钢筋相对于参比电极的电位，评估钢筋的腐蚀风险。这种方法操作简单，但结果可能受环境因素影响。

④ 线性极化电阻（LPR）测试：通过测量钢筋的极化电阻，定量评估钢筋的腐蚀速率。这种方法可以提供更精确的腐蚀信息，但需要专业设备和操作技能。

5.3.2　硫酸盐侵蚀环境下混凝土耐久性

（1）硫酸盐侵蚀环境

我国地域辽阔，硫酸盐侵蚀环境分布广泛，在西部盐湖区、滨海地区以及地下水等环境中含有大量硫酸盐。混凝土受硫酸盐侵蚀破坏因素复杂、危害性大，是环境侵蚀中最严重的一种。近年来由于硫酸盐侵蚀导致混凝土结构破坏的案例屡见不鲜，国内如甘肃省某水力发电站的坝体因长期遭受硫酸盐侵蚀，混凝土出现了酥松软化现象；青海察尔汗某工厂的混凝土管道使用仅一年多就发生了腐蚀破坏；新疆"635"水利枢纽工程在混凝土浇筑6个月后，因高浓度硫酸盐侵蚀而发生破坏；国外如日本新干线涵洞由于硫酸盐侵蚀导致混凝土出现大面积开裂、剥落现象，威胁列车的安全运行；德国易北河某桥梁的桥墩因硫酸盐侵蚀使桥墩膨胀升高8cm，最终导致桥梁开裂损坏而拆除重建。硫酸盐侵蚀已然成为混凝土结构面临的主要耐久性问题之一。

（2）硫酸盐侵蚀混凝土劣化机理

硫酸盐侵蚀导致混凝土材料的劣化过程非常复杂，它包括了离子扩散过程，化学反应过程和膨胀破坏过程。外部硫酸根离子进入混凝土后打破了孔隙溶液内部的平衡状态，与水化产物反应生成了钙矾石、石膏等难溶性膨胀产物。同时，由于钙离子不断被反应消耗，使得固相Ca（OH）$_2$和水化硅酸钙（C-S-H）不断溶解来对钙离子进行补充，从而降低了混凝土的粘结性能。混凝土内部的孔隙被生成的膨胀侵蚀产物填充到一定程度时，孔隙壁会受到膨胀应力，当产生的膨胀应力超过混凝土的抗拉强度时，微裂纹开始产生，裂缝逐步拓展，使混凝土表层发生损伤剥落，从而降低了混凝土的承载能力（图5-3-3）。

硫酸盐侵蚀导致混凝土损伤的机理至今仍然存在很大的争议。最常见的是体积膨胀理论和盐结晶理论。体积膨胀理论认为在硫酸盐侵蚀过程中由于膨胀性产物的生成，带来了额外体积的增加而导致了膨胀，用固相生成物与固相反应物体积之差表示。

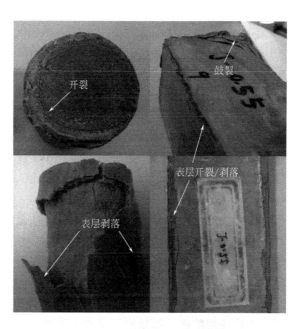

图5-3-3 硫酸盐侵蚀下的腐蚀破坏

硫酸盐侵蚀过程中生成的膨胀性产物主要包含钙矾石和石膏，大多数试验结果表明，钙矾石的形成是导致膨胀的主要因素，而关于石膏对膨胀的影响暂且也没有形成统一的意见。在由扩散控制钙矾石生成的第一阶段，石膏生成的含量很少，不产生膨胀应变；在裂纹开展的第二阶段，石膏的生成会对膨胀应变有一定的贡献作用。而在高硫酸盐浓度下，石膏似乎是硫酸盐侵蚀的主要反应产物。但石膏生成后会与其他产物结合形成钙矾石。并且实际条件下很难有高浓度硫酸盐的存在，因此大部分学者选择忽略石膏的影响。

盐结晶理论指出膨胀是由于过饱和溶液中钙矾石的形成而产生施加在孔隙壁上的结晶压力引起的。盐结晶压力的产生要满足以下两个必要条件，一是钙矾石晶体必须在过饱和溶液中生长；二是晶体必须在有约束的条件下生长并向孔隙壁施加膨胀力。这也是为什么并非所有生成的钙矾石都具有膨胀性，因为晶体需要被约束住后才能产生结晶压力。一些研究人员评估在约束条件下晶体尺寸和形状对盐结晶压力的影响，认为小尺寸的晶体有可能产生更高的结晶压力。因此，认为硫酸盐侵蚀过程中产生的膨胀力主要由钙矾石在微观结构中的生长位置来决定，而不是由生成钙矾石的总体积决定，需要非常复杂的化学方法来对不同位置孔溶液的组成进行测量。盐结晶尽管可以相对准确地预测开裂状态，但是该理论导致的宏观膨胀比试验数据小了两个数量级。盐结晶压力已经从理论的角度进行了详尽的讨论，但是在硫酸盐侵蚀试验下，支持该理论的试验证据仍然很少。

混凝土的膨胀是体积增加和盐结晶两者共同作用的结果，且计算得到的自由膨胀率与试验中测得的结果相接近。但是与生成钙矾石导致体积增加而产生的应变相比，结晶压力的贡献可忽略不计，这表明体积增加是宏观应变发展的主要因素。体积增加和盐结晶理论可能是兼容的，因为它们可能代表了硫酸盐侵蚀的两个不同阶段。当硫酸根离子进入生成了钙矾石且达到钙矾石的溶解度极限时，该体系总是倾向于通过钙矾石沉淀来回到平衡状态。而当这种能量不能通过晶体沉淀释放时，它以压力的形式释放到孔壁上而产生微裂纹。微裂纹降低了孔隙中的压力条件,从而使钙矾石沉淀在裂纹附近,导致宏观自由应变随沉淀钙矾石的含量成比例增加。这意味着初始宏观应变的产生主要是由结晶压力的作用引起的,而宏观自由膨胀则由体积增加来解释。

(3)硫酸盐侵蚀环境下混凝土耐久性评估

硫酸盐侵蚀是影响混凝土耐久性的关键因素之一。在含有硫酸盐的环境中,混凝土中的化学成分会与硫酸盐发生反应,生成膨胀性产物,导致混凝土体积膨胀、开裂,进而降低其结构性能。为了全面评估硫酸盐环境下混凝土的耐久性,可结合宏观性能评估和微观性能评估的方法进行:

1)宏观性能评估

宏观性能评估主要关注于强度退化、质量损失、体积变化这三大指标:

① 强度退化:通过测量混凝土在硫酸盐侵蚀前后的抗压强度、抗拉强度或抗折强度等,可以了解混凝土强度的变化情况。强度降低的程度反映了混凝土受硫酸盐侵蚀的严重程度。

② 质量损失:测量混凝土在硫酸盐溶液中的质量变化,可以了解混凝土是否发生了明显的溶蚀或膨胀。质量增加可能意味着混凝土内部生成了膨胀性的硫酸盐产物,而质量减少则可能表示混凝土中的某些组分被溶解、混凝土表面腐蚀剥落。

③ 体积变化:通过测量混凝土试件在硫酸盐溶液中的体积变化,可以评估混凝土是否发生了膨胀。膨胀是硫酸盐侵蚀的一个重要特征,它会导致混凝土开裂、剥落,甚至丧失结构性能。

2)微观性能评估

① 微观结构观察:利用扫描电子显微镜(SEM)、光学显微镜等设备,观察混凝土在硫酸盐侵蚀后的微观结构变化。通过观察裂缝、孔隙以及硫酸盐产物的形貌和分布,了解硫酸盐侵蚀对混凝土微观结构的影响。

② 化学分析:通过化学分析的方法,测定混凝土中硫酸盐产物的种类和含量。这有助于了解硫酸盐侵蚀的机理和程度,以及评估混凝土对硫酸盐侵蚀的抵抗能力。

③ 孔隙结构分析:利用压汞法(MIP)、氮气吸附法或X射线计算机断层扫描(X-CT)等技术,分析混凝土在硫酸盐侵蚀前后的孔隙结构变化。这些技术可以测量混凝土的孔隙率、孔径分布、比表面积等参数,从而评估硫酸盐侵蚀对混凝土孔隙结构的影响。

室外试验可通过采集硫酸盐腐蚀环境的混凝土结构样本进行评估。为了在短时间内评估混凝土的硫酸盐耐久性,也可以在试验室中采用加速硫酸盐侵蚀试验。这些试验通常使用高浓度的硫酸盐溶液和较高的温度来加速硫酸盐侵蚀过程。通过对比不同条件下混凝土的宏观和微观性能变化,可以评估混凝土的硫酸盐耐久性。

综上所述,硫酸盐侵蚀环境下混凝土的耐久性评估涉及宏观性能评估和微观性能评估两个方面。通过综合使用这些评估方法,可以全面了解硫酸盐侵蚀对混凝土性能的影响,为混凝土在硫酸盐环境中的应用提供科学依据。

5.3.3 冻融环境下混凝土耐久性

(1)冻融侵蚀环境

冻融作用作为混凝土损伤的三大因素之一,在混凝土耐久性研究领域具有举足轻重的地位，自20世纪就备受各国学者关注。在我国西部高海拔地区，具有最低气温−32℃的低温严寒，以及年均180d以上的高频次冻融作用，在东北等高纬度地区，水坝、路面、混凝土围栏等建筑物因遭受低温冻融作用与除冰盐作用，在华北沿海地区，海洋环境中的混凝土结构由于干湿交替频率高，冬季频繁遭受低温冻融作用和盐结晶作用。在这些低温环境下，冻融和外界的盐侵蚀会引发混凝土表层剥落，钢筋和骨料外露，降低混凝土结构的服役寿命，最终引起混凝土结构的失效，造成不必要的经济和资源消耗，典型的冻融环境下混凝土的破坏如图5-3-4所示。冻融环境引发的这些现象也同样发生在美国、加拿大等寒冷地区，这也证明了该现象是普遍存在的国际性问题，且尚未得到有效的解决。

图5-3-4　典型的冻融环境下混凝土的破坏

（2）冻融环境下混凝土劣化机理

混凝土是典型的多尺度、多孔材料，拥有覆盖纳米到毫米级别的复杂孔隙结构，其孔隙结构并不像混凝土外表看上去的那么致密。水作为低温冻融环境下的最主要侵蚀介质，水泥基材料受冻融引起的损伤劣化的全过程均离不开水的作用。水分沿着水泥基材料的孔隙结构快速侵入，急剧增大孔隙结构的水饱和度，在水泥基材料降温过程中，孔隙发生冻结现象，产生约9%的体积膨胀变形。对于非饱和孔隙而言，水结晶膨胀可以通过排挤未冻结水或气体来释放压力，而对于高饱和度的孔隙而言，水泥基材料会因较高的结晶压和静水压力，引发水泥基材料的微观结构破坏。已有研究表明，水泥基材料内部含水

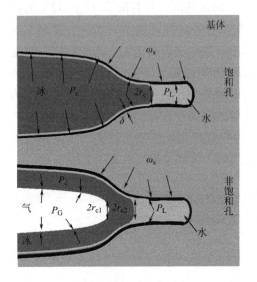

图5-3-5 冻融作用下孔隙内部作用力形成机理

饱和度超过90%时，其在冻融循环作用下的劣化速度明显加快。温度交替环境下水泥基材料中的水反复冻融，对混凝土结构造成了严重的危害。

当毛细孔里的水开始结冰时，体积随之增大，需要扩展孔隙（扩展量为结冰水体积的9%），或者需要把多余的水沿孔隙边界挤压或排出，或者同时产生两种作用力（结晶压力 PC 和静水压力 PL），冻融作用下孔隙内部作用力形成机理如图5-3-5所示。这个过程形成的孔隙静水压力 PL，其大小取决于结冰处至"逃逸边界"的距离、材料的渗透性以及结冰速率。经验表明，在饱和的水泥浆体中，除非浆体每个毛细空腔，离最近的逃逸边界不超过 75 ~ 100μm，否则就会形成破坏压力。间距如此小的边界可以由适当的引气剂来提供。除大孔中水结冰形成水压外，毛细孔溶液部分结冰形成的渗透压也是水泥浆体有害膨胀的来源之一。毛细孔中的水并非纯水，含有多种可溶性物质，例如氯化物、氢氧化钙、碱等。溶液的冰点比纯水要低，通常溶液盐浓度越高，冰点越低。毛细孔之间局部盐浓度梯度的存在，被认为是渗透压的来源。静水压（大孔水结冰时比容增大引起）和渗透压（孔隙溶液盐浓度梯度引起）不是水泥浆体在冰冻作用下膨胀的唯一原因。即使用冻结时产生收缩的苯代替水作为孔溶液，仍可观察到水泥浆试件的膨胀。

类似土壤中冰棱镜体的形成，毛细孔效应即水分从小孔向大孔大规模迁移，被认为是多孔材料膨胀的主要原因。水泥浆体中被C-S-H壁面吸附的水（包括层间水和凝胶孔吸附水）在水的正常冰点不会重组结构而结冰，因为处于有序状态的水分可动性有限。通常，水束缚得越牢固，冰点越低。水泥浆体有三种类型的水分受到物理束缚，牢固程度由弱到强依次排序分别为10 ~ 50nm的小毛细孔水、凝胶孔里的吸附水和C-S-H的层间水。

据估计，凝胶孔中的水在 −78℃以上的温度不会结冰。因此，当饱和的水泥浆体处于冰冻环境下，大孔中的水会结冰，而凝胶孔里的水分还会以过冷的形式以液态水继续存在。这样，毛细孔中低能态的冻结水和凝胶孔中高能态的过冷水之间产生了热力学不平衡。冰和过冷水之间熵的差异，驱使后者迁移到低能态的地方（大孔），然后在那里结冰，从凝胶孔向毛细孔新提供的水，使毛细孔的冰冻体积不断增大，一直持续到不再有容纳空间为止。如果此时过冷水还要流向结冰区，就会使系统产生压力并引起膨胀。另外，饱和多孔体冷却引起的水分迁移未必导致力学性能受损。只有当水分迁移速率远小于条件（例如大的温度梯度、低的渗透性和高饱和度）所要求的速度时，力学性能才会受损。需要注意的是，在水泥浆体冰冻期间，某些地方膨胀的趋势会被其他地方的收缩（如C-S-H凝胶失去吸附水）所平衡。试件最终是膨胀还是收缩取决于这两种相反趋势的作用结果，这很好地解释了为什么非引气的水泥浆体在结冰时明显膨胀，而含气量10%的水泥浆体在结冰时收缩。显微观察表明，当冰在气孔中形成时，水泥浆体是收缩的。

盐冻剥落的主要特点：损伤包括混凝土表面的小片剥落；对混凝土影响最大的溶质浓度约为3%，主要取决于所用溶质的类型；当混凝土表面没有接触到盐水层时，没有观察到剥落；外部盐浓度比混凝土内部孔溶液重要；混凝土的引气气泡减少了混凝土剥落量；混凝土表面强度决定了混凝土抗盐剥落性；混凝土内部冰冻和混凝土盐剥落几乎没有关系。

这些损伤主要是由下述原因造成的：

1）正负温交替过程中，混凝土内部温度场往往是不均匀分布的，由于各细观组分热膨胀系数的差异性，不同组分会发生不同程度的变形。因此，混凝土常常在表面等薄弱位置产生较大的损伤；

2）当温度低于冰点时，达到临界饱和度的混凝土内部的孔溶液开始结冰，并在孔隙周围形成压力，造成孔隙粗化和孔隙周围出现微裂纹，进而导致孔隙连通，在混凝土内部出现较大的损伤；

3）盐冻过程中由于孔溶液浓度差导致的渗透压力也是造成混凝土劣化的原因之一。这些损伤直接或间接地为氯离子的传输提供了通道，加剧了氯离子的侵蚀，是造成钢筋锈蚀的主要原因，最终导致结构承载力和耐久性的降低。

（3）冻融环境下混凝土耐久性评估

冻融环境下，水分在混凝土的孔隙结构中持续发生传输、冻结、融化，冻融循环次数的增大会造成水泥基材料微结构损伤开裂以及孔隙体积、孔径分布等发生显著变化。因此，诸多研究人员对冻融循环引起的水泥基材料内部孔隙结构的变化进行了大量的试验和理论研究。主要通过以下几类方法表征冻融环境下混凝土耐久性能：

1）宏观性能表征

通常采用混凝土强度退化、相对动弹性模量退化、质量损失等宏观尺度的方法评估混凝土的冻融损伤。

① 强度退化：强度退化是评估混凝土冻融损伤的一个重要指标。在冻融循环后，通过测量混凝土的抗压强度、抗拉强度或抗折强度等，并与未受冻融影响的混凝土进行对比，可以了解混凝土强度的退化程度。强度退化的程度越大，说明混凝土受到的冻融损伤越严重。

② 相对动弹性模量退化：动弹性模量是反映混凝土材料刚度和完整性的一个指标。在冻融循环后，通过测量混凝土的动弹性模量，并与未受冻融影响的混凝土进行对比，可以得到相对动弹性模量的退化程度。相对动弹性模量的降低意味着混凝土内部结构的损伤和完整性的降低。

③ 质量损失：质量损失是评估混凝土冻融损伤的另一个重要指标。在冻融循环后，通过测量混凝土的质量变化，可以了解混凝土在冻融过程中是否有损伤破坏发生。质量损失越大，说明混凝土在冻融过程中受到的水分迁移、冻结破坏等作用越强烈。

2）微观性能表征

除了宏观性能表征外，混凝土的微观性能也是评估其冻融耐久性的重要方面。这主要关注于混凝土的微观孔隙结构、形貌等的变化。

① 微观结构形貌：利用扫描电子显微镜（SEM）、背散射电子显微镜（BSE）等先进

设备，可以观察冻融过程中混凝土裂缝的发展情况，以及裂缝区域水化产物的形貌。通过这些观察，可以定性地分析混凝土的损伤劣化规律，了解冻融循环对混凝土微观结构的影响。

② 微观孔隙结构分布：为了更准确地了解冻融过程中混凝土孔隙结构的变化，可以采用压汞法（MIP）、低场核磁共振法（NMR）以及X射线计算机断层扫描（X-CT）等方法进行定量分析。这些方法可以测量混凝土的孔隙率、孔径分布、比表面积等参数，从而更全面地了解冻融循环对混凝土孔隙结构的影响。通过对比不同冻融循环次数下混凝土的孔隙结构参数，可以评估混凝土的冻融耐久性。

综上所述，通过宏观性能表征和微观性能表征的方法，可以全面评估冻融环境下混凝土的耐久性。这些评估方法不仅有助于了解混凝土在冻融循环下的性能变化规律，还可以为混凝土抗冻融设计提供科学依据。

5.3.4 碳化环境下混凝土耐久性

（1）碳化环境

钢筋锈蚀是引起混凝土结构劣化的首要破坏因素，引起钢筋腐蚀的主要原因一般分成三种：混凝土碳化、氯离子及酸性物质引起的钢筋去钝化和杂散电流。其中，来自服役环境中的CO_2侵蚀又是造成大气区钢筋锈蚀的重要原因。加之，近年来全球变暖，空气中CO_2浓度不断提高，使得混凝土材料面临的碳化风险急剧提高。由于气体的无孔不入，通常认为由CO_2引起的钢筋去钝化最为普遍，且造成的经济损失较大。

（2）碳化环境下混凝土劣化机理

混凝土碳化是一个复杂的物理化学反应过程，这一过程中首先是CO_2通过孔隙和裂纹，以气相和溶解在孔隙溶液中的液相向混凝土内部进行传输。然后是气相CO_2溶解在孔隙溶液水膜中形成的碳酸根与水泥碱性水化产物Ca（OH）$_2$、水化硅酸钙凝胶（C-S-H）、钙矾石（AFt）、低硫型水泥硫铝酸钙（AFm）、水化铝酸钙（C_3AH_6）、铁铝酸四钙（C_4AF）以及未水化硅酸二钙（C_2S）和硅酸三钙（C_3S）发生的一系列化学反应。

不同水化产物在碳化过程中的反应顺序有差别，首先发生反应的是Ca（OH）$_2$和AFt，两者的含量急剧减少至消失，并生成大量$CaCO_3$，部分AFt被转为热稳定的碳铝酸钙。在Ca（OH）$_2$被消耗完后，夹层和缺陷位置的C-S-H开始反应并脱钙，直到Ca/Si降低至0.67，主要层的C-S-H也开始被消耗直至Ca^{2+}完全消失。根据对碳化产物Ca^{2+}含量检测的结果发现，最主要的碳化产物是$CaCO_3$，其中85%以上由Ca（OH）$_2$、C-S-H和未水化矿物的碳化产生，而结晶不良和热不稳定的部分则与C-S-H的碳化有关。整体上看，Ca（OH）$_2$仍是决定碳化行为最主要的因素，因此可以通过"Ca（OH）$_2$碳化生成$CaCO_3$"来简化混凝土碳化反应的全过程。

碳化对混凝土微结构表现为孔隙率和孔隙分布方面的致密化作用。现有研究在降低混凝土孔隙率达成共识，但在碳化影响孔隙分布的规律研究方面有一定差异，有研究认为碳化会轻微提高粗孔体积占比，有人认为会提高临界孔径和最可几孔径，也有人认为会降低多害孔而提高少害孔的占比。总的来说，孔隙率和孔隙分布的变化必然影响混凝土中介质的传输性和渗透性，因此准确预测碳化深度必然要求充分考虑碳化反应对微结构的影响。

另一方面，得益于碳化产物$CaCO_3$纳米微晶的增强作用和孔隙填充效应，碳化还改善了混凝土微观结构的力学性能，对孔隙饱和度和孔隙率的改变同时也一定程度上影响了材料强度。但这种效果在超高浓度时（如碳化养护混凝土）相对明显，在自然碳化浓度下对混凝土整体力学性能影响较小，因此在自然浓度碳化的试验、模拟中，可以忽略碳化对混凝土力学性能的影响。

混凝土碳化反应的速率与程度受到环境温度、相对湿度和所用CO_2浓度等反应条件的影响。在相对湿度非常低的情况下，孔隙中没有足够的水来溶解CO_2，相关的化学反应发生缓慢；相对湿度较高的环境下，孔隙饱和使得CO_2的扩散速率明显降低。对于普通混凝土，温度为20℃的条件下，在相对湿度为70%左右，碳化速率可达到最大。

（3）碳化环境下混凝土耐久性评估

碳化作用是影响混凝土结构耐久性的重要因素之一。在碳化环境下，混凝土中的$Ca(OH)_2$会与CO_2反应，导致混凝土的pH降低，碳化混凝土截面的pH试剂显色如图5-3-6所示。因此，评估碳化环境下混凝土的耐久性能，除了硫酸盐环境和冻融环境提及的细宏观测试方法外，最常用的为碳化深度测试和碳化电阻率测试。

图 5-3-6　碳化混凝土截面的 pH 试剂显色

5.3.5　疲劳条件下混凝土耐久性

（1）疲劳条件

近20年来，随着高速铁路建设、机场建设、海洋天然气开采和风力发电等事业在我国的迅猛发展，我国各地兴建了大量的混凝土基础结构设施。在这些基础结构设施中，有相当一部分（典型的如轨道板、桥梁、机场道面、海洋平台、风机基础等）在服役期间需承受数以千万次计的循环荷载作用，极有可能发生疲劳破坏。如何保证这些混凝土结构物的耐疲劳安全，已成为十分突出的问题。

（2）疲劳条件下混凝土劣化机理

材料疲劳是一种结构在循环载荷作用下出现失效的现象。即使材料受到的应力远低于材料的静态强度，也可能会发生这种类型的结构损伤。疲劳是造成混凝土结构失效最常见的原因。

组件在反复载荷作用下导致最终失效的过程，可以分为三个阶段：

1）多次循环作用下，材料损伤在微观层面不断发展，直到形成宏观裂纹。

2）在每次循环中，宏观裂纹都会不断增长，直至达到临界长度。

3）当出现裂纹的组件无法继续承受峰值载荷时，就会发生断裂。

在某些应用中，我们无法观察到第二阶段的变化，尤其是在混凝土未损伤且所受应力水平较低的情况，难以见到第二阶段的变化。在第二阶段情况下，裂纹在微观尺度上快速增长，导致组件突然失效。

后两个阶段的细节通常属于断裂力学领域的研究内容。疲劳这一术语主要适用于第一阶段。然而，这些学科之间存在一些重叠，测得的疲劳循环次数往往还包含后两个阶段。由于组件的大部分寿命都消耗在了出现宏观裂纹之前，因此，大多数设计方案都会尽可能避免出现此类损伤。

在非恒定外部载荷的影响下，材料的状态还会随时间发生变化。材料中某个点的状态可以通过许多不同的变量（例如应力、应变或能耗）来描述，而疲劳过程通常被认为是由一类特定的变量控制。人们将载荷循环定义为：所研究变量的一个峰值到下一个峰值的持续时间。通常情况下，不同的循环有着不同的幅值。不过，在粗浅的讨论中，我们可以假设控制疲劳状态的变量在每个载荷循环的开始和结束点都具有相同的值。在弹性材料中，循环载荷会引起周期性的循环应力响应。对于这种情况，载荷循环的定义非常简单。

在一个载荷循环中，应力在最大应力 σ_{max} 与最小应力 σ_{min} 之间变化。在研究疲劳时，通常使用应力幅值 σ_a 和平均应力 σ_m 来定义应力的变化。此外，用于定义应力范围 $\Delta\sigma$ 的变量和 R 值常用来描述应力循环，疲劳循环荷载示意图如图 5-3-7 所示。在描述疲劳损伤时，最重要的参数是应力幅值。然而，如果要进行详细分析，还必须考虑平均应力。其中，平均拉应力会增加材料对疲劳的敏感性，而平均压应力则会增大材料的应力幅值。

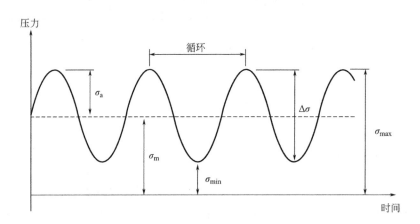

图 5-3-7　疲劳循环荷载示意图

（3）疲劳条件下混凝土耐久性评估

混凝土疲劳性能的检测方法主要包括以下几种，每种方法都有其特定的步骤和考量因素：

1）疲劳试验法

① 曲线曲率法：通过对混凝土试件进行循环荷载加载，观察和记录其应变和周期数，从而绘制疲劳应变曲线。

② S-N法：通过循环荷载加载混凝土试件，测量载荷幅值和循环寿命的对数，评估疲劳性能。

③ 时间温度超位移法：考虑混凝土在不同温度下的变形特性和时间效应，评估疲劳性能。

2）数学模型法

① 线性弹性模型：基于弹性理论，将混凝土看作线性弹性材料，计算应力应变响应。该方法适用于荷载较小、寿命较长的工程结构。

② 本构模型：采用不同的本构关系描述混凝土的非线性行为。常用的本构模型有累积损伤模型、塑性本构模型和粘弹性本构模型。根据试验数据拟合模型参数，预测混凝土疲劳性能。

③ 损伤模型：通过描述混凝土的损伤演化来评估其疲劳性能。考虑混凝土试件的应力应变响应和损伤演化过程，预测混凝土在不同循环荷载下的疲劳寿命。

3）统计分析法

① Weibull分布法：通过拟合试验数据的Weibull分布曲线，得到混凝土的疲劳强度和寿命。反映混凝土疲劳性能的分布特征，为工程设计提供重要参考。

② Logistic回归法：利用Logistic回归模型分析混凝土试验数据，得到疲劳损伤的概率分布。建立疲劳损伤与循环次数、载荷幅值等参数的关系方程，评估混凝土的疲劳性能及其可靠度。

在实际应用中，可以根据具体工程需求、试验条件以及试验数据的可得性来选择合适的检测方法。需要注意的是，疲劳试验过程中应严格控制试验条件，确保试验结果的准确性和可靠性。同时，数学模型法和统计分析法需要基于大量的试验数据进行建模和分析，因此在实际应用中需要充分考虑数据的可靠性和代表性。

5.4　混凝土结构服役寿命

混凝土结构作为建筑工程中的重要组成部分，其安全性、可靠性以及服役寿命一直是工程师们所关注的重点。近年来，随着工程建设的不断发展和建筑结构服役环境的日趋严峻，如何准确预测混凝土结构的服役寿命成为一个亟待解决的问题。混凝土结构服役寿命预测方法的研究不仅有助于提高建筑结构的可持续性和安全性，也能够为工程管理和维护提供有力的支持。

混凝土结构的服役寿命是指从建成使用开始到混凝土结构完全失效的时间过程。依据钢筋混凝土结构在服役过程中的性能表现，可将混凝土结构寿命划分为3个阶段，混凝土结构服役寿命三阶段示意图如图5-4-1所示，即混凝土的服役寿命可用式（5-4-1）表示：

$$t=t_1+t_2+t_3 \qquad （5-4-1）$$

式中，t为混凝土结构服役寿命；t_1、t_2和t_3分别为混凝土结构寿命的稳定期、衰退期和失

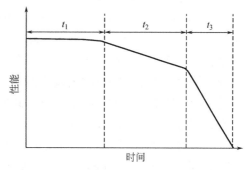

图5-4-1　混凝土结构服役寿命三阶段示意图

效期。混凝土结构稳定期是指混凝土结构从建成开始服役至内部钢筋脱钝所需的时间；衰退期是指从钢筋脱钝到混凝土保护层发生开裂所需的时间；失效期是指从保护层开裂到混凝土结构无法承受荷载作用所需的时间。

自20世纪80年代以来，国内外关于混凝土结构服役寿命的研究主要集中于第一阶段稳定期的预测，一般是将衰退期和失效期作为服役寿命的安全储备对待，特别是对拟建工程，在建工程更是如此。近些年来，钢筋钝化膜破坏后的发展期和失效期的研究日益受到重视，目前国内外学者积累了大量试验和现场数据，也建立了几种代表性模型，预测混凝土保护层开裂和裂缝发展构成的第二阶段发展期寿命已成为可能。关于混凝土结构服役寿命的第三阶段失效期的寿命仍在探索中。

◆ 5.5 如何实现长寿？

混凝土结构可用的防腐蚀强化材料可大致分为四类：混凝土基体抗侵蚀材料，通过密实孔隙、提高混凝土基体水化产物的交联度，以提高混凝土的抗渗性；在混凝土结构浇筑完成后使用在混凝土表面的表层防护材料，主要用于物理阻隔外界侵蚀介质的侵入，从而提高混凝土在严酷环境下的耐久性；钢筋阻锈材料，可延缓或阻止钢筋锈蚀的发生；特种钢筋材料，从钢筋本身出发，提高钢筋的临界锈蚀氯离子浓度或直接从根本上避免锈蚀。四类材料可从不同角度对混凝土结构或构件的耐久性提供帮助，且四类材料可同时应用于严酷环境混凝土结构中，故将其归为四类。

5.5.1 基体抗侵蚀材料

水泥基材料具有多尺度特征，C-S-H是水泥主要水化产物，其纳米尺度的凝胶孔和毛细孔决定了水泥基材料的诸多性能。混凝土抗侵蚀抑制剂是一种新型混凝土外加剂，其作用机理是通过向混凝土中引入纳米颗粒，基于特定的物理和化学作用增强混凝土的抗侵蚀性能。抗侵蚀材料在水泥基材料中的作用机理，概括起来主要包括两个方面：一是物理效应，即抗侵蚀材料的填充作用；二是化学效应，即抗侵蚀材料参与水泥水化，如火山灰反应。

1）物理效应。抗侵蚀材料的粒径通常在几纳米到几十纳米，而普通水泥的平均粒径在几十微米，即便是硅灰其平均粒径也有几百纳米。纳米粒子填充在水泥基材料的孔隙内，可以提升水泥浆体的密实程度，抑制侵蚀介质的传输。

2）化学效应。抗侵蚀材料的化学效应包括两个方面的含义：纳米二氧化硅与水化产物氢氧化钙反应，生成无定型水化硅酸钙；抗侵蚀材料中的活性成分参与水化反应，为水泥水化提供活性硅、铝、钙、铁等，影响C-S-H的组成和结构。纳米二氧化硅与氢氧化钙反应，消耗了水化产物中的氢氧化钙。由于氢氧化钙在水泥基材料中对力学性能和耐久性有着负面的影响，因此，纳米二氧化硅的火山灰反应有助于提升C-S-H的密实程度，优化各水化产物之间的界面过渡区，提高水化产物的整体密实度。

耐久性是水泥基材料最重要的性能之一，许多学者研究了纳米SiO_2、氧化石墨烯（GO）、TiO_2、Fe_2O_3、Fe_3O_4、MgO、CuO、ZrO_2、$CaCO_3$、碳纳米管（CNTs）、Al_2O_3对水泥基材料耐久性的影响，结果如表5-5-1所示。

抗侵蚀材料对水泥基材料耐久性的影响 表 5-5-1

作者	抗侵蚀材料	掺量	作用效应
Hongjian Du	Nano-SiO₂	0.3%	水渗透深度降低43%，表观氯离子扩散系数降低31%
Hongjian Du	GO	1.5%	水渗透深度、表观氯离子扩散系数及电迁移系数分别降低80%、80%及37%
Baoguo Ma	Nano-TiO₂	3%	吸水率降低40%～65%，水蒸气渗透系数降低43.9%
Mohamed Heikal	Nano-Fe₂O₃	0.5%～1.0%	总硫酸根离子含量降低41.6%，总氯离子含量降低39.7%
A.H. Shekari	Nano-Fe₃O₄	1%	吸水率降低80%
Rıza Polat	Nano-MgO	7.5%	28d线性自收缩降低78%
Rahmat Madandoust	Nano-CuO	3%	毛细水吸收率降低62.5%
Ali Nazari	Nano-ZrO₂	4%	28d吸水率降低70.18%
Yanqun Sun	Nano-CaCO₃	1%	氯离子电迁移系数降低17%，碳化深度降低29%
Alafogianni	CNTs	0.4%	表观氯离子扩散系数降低约20%
Kiachehr Behfarnia	Nano-Al₂O₃	3%	300次冻融循环后基准强度损失100%，对比组强度损失18%

在水泥基材料中掺入少量抗侵蚀材料，就可以显著提升其耐久性能，大部分研究者将抗侵蚀材料提升水泥基材料耐久性机理归纳为抗侵蚀材料的填充效应和火山灰效应。抗侵蚀材料填充了水泥基材料的毛细孔，改善了界面过渡区，密实了硬化水泥浆体的孔结构，阻碍了有害离子侵蚀进入混凝土内部，从而提升了混凝土的耐久性能。

5.5.2 表层防护材料

表层防护材料一般是指能在混凝土表面进行有效涂装，对混凝土进行有效保护的涂料。混凝土涂料的主要防腐机理是利用其屏蔽性，阻挡腐蚀物质的侵入，因此混凝土涂料形成的涂膜必须致密，或有足够阻止腐蚀因子侵害的膜厚，或形成复杂的渗透路径，阻止腐蚀物的渗透。

表层防护材料主要有环氧树脂类、乙烯类、氯化橡胶类、聚氨酯类、沥青类等。能对混凝土表面进行有效涂装的涂料需具有如下性质：良好的渗透性，耐碱性，涂料的柔韧性和延展性及厚度，良好的附着力，耐磨性等。混凝土的表层防护材料有其固有的结构特性，这些特点的形成多与混凝土成型时水泥的硬化相关。混凝土防腐涂料品种较多，应用范围广泛。针对混凝土的防腐特点，必须根据腐蚀环境介质的不同，合理选择不同品种。涂装和修补主要考虑混凝土的表面处理和涂料的相容性。

5.5.3 钢筋阻锈材料

当氯离子不可避免地已经进入钢筋混凝土结构后，阻锈剂通过吸附在钢筋表面或使得钢筋钝化，从而将氯离子隔离在外，提高钢筋的抗腐蚀性能。钢筋阻锈剂按化学成分可分为：无机型阻锈剂、有机型阻锈剂和有机-无机复合型阻锈剂；按施工方式可分为：迁移型阻锈剂和内掺型阻锈剂；按作用效果可分为：阳极型阻锈剂、阴极型阻锈剂和混合型阻锈剂。其中，迁移型阻锈剂则是通过成型时将阻锈剂掺入混凝土中或者直接将阻锈剂涂刷在混凝土表面，阻锈分子则通过混凝土中的毛细孔道移动至钢筋表面。或直接涂刷在钢筋表面，直接在钢筋表面形成膜状物质，可以将水分子和其他侵蚀性的离子有效地隔离，从而达到抑制钢筋锈蚀的效果。迁移型阻锈剂也是目前的热门研究，但是由于混凝土保护层厚度过大，结构较为密实，自然条件下靠自身渗透性迁移则迁移速度慢，效果不显著。

对于醇胺类阻锈剂，在中性或酸性溶液环境中，电场确实可以驱使其向混凝土内部迁移，使之有效富集到钢筋表面，但由于混凝土内部孔溶液呈强碱性，因此将其应用于普通的劣化混凝土的修复则效果不显著。为了改善目前电迁移型阻锈剂的研究局限性，国内有学者研究适用于碱性环境下的咪唑啉类阳离子阻锈剂。

有机类阻锈剂是通过在金属表面吸附形成保护膜，从而达到保护钢筋的作用，一些带有电负性的功能性基团，如π电子、共轭双键及芳香环等，对于提高有机阻锈剂的阻锈效果具有重要作用。其中带有氮、硫、氧等杂原子的官能团，由于自身杂原子含有孤电子对，容易与金属的空d轨道发生相互作用，进而形成配位键，在金属表面形成化学键。与物理吸附成膜的方式相比，阻锈剂通过化学成键的方式在金属表面作用使得金属基体在腐蚀环境中更耐蚀，同时表面钝化膜也更稳定，不容易受到环境的影响，对提高金属的阻锈性能提供很大的作用。咪唑衍生物本身作为五元芳杂环化合物，结构可设计较强，芳杂环结构为其高阻锈性提供了基础，若通过季铵化将其设计成带有机阳离子和无机阴离子的结构，那么这种离子液既拥有强阻锈性能，同时又能在溶液中阳离子化，从而满足在电场作用下通电的需求，将极大可能成为本文所研究的适用于双向电迁移的阳离子阻锈剂。

目前离子液作为一种绿色有机溶剂，由于其导电率高，溶解性好，已经在电化学及生物等多个领域有了广泛的应用，但少有将其应用于混凝土材料较为体系的报道。因此将此类咪唑衍生物通过双向电迁移的方式，应用于钢筋混凝土的修复中，将为双向电迁移技术的推广以及钢筋有机阻锈剂的研究提供有价值的参考作用。咪唑衍生物在钢铁防腐蚀中的应用见表5-5-2。

咪唑衍生物在钢铁防腐蚀中的应用　　　　　　表5-5-2

编号	咪唑衍生物名称	金属种类	腐蚀介质
1	2-甲基-4-苯基-1-甲苯磺酰基-4,5-二氢-1H-咪唑二氢-1H-咪唑	P110碳钢	盐酸
2	N-乙烯基咪唑	不锈钢	硫酸
3	聚N-乙烯基咪唑	不锈钢	硫酸
4	2-（1-（吗啉代甲基）-1H苯并[d]咪唑-2-基）苯酚	N80钢筋	盐酸
5	2-（1-（（哌啶-1-基）甲基）-1H苯并[d]咪唑-2-基）苯酚	N80钢筋	盐酸
6	2-（4-甲氧基苯基）-4,5-二苯基咪唑	J55钢筋	二氧化碳

5.5.4 特种钢筋材料

钢筋自身抵抗氯盐侵蚀的能力与基体的金相结构有关，通过适当的成分设计与组织控制，可以提升钢筋基体的抗腐蚀性。在钢所含各主要元素中，碳的分布是最不均匀的，表现为它在铁素体、奥氏体和渗碳体中含量的极大差别。超过铁素体溶解度的过量碳使得钢中多相共存，各相腐蚀电位高低差别易促进腐蚀原电池形成。因此，降低钢中碳含量至铁素体的溶碳限以下，有利于提高钢组织结构与成分分布的均匀性（当然碳含量的过度降低会导致钢的强度降低，必须通过其他强化措施予以弥补），减少样品内部各区域之间的电位差，从而降低腐蚀速率。钢中S元素增加会促进硫化锰夹杂物形成，破坏基体的连续性和组织的均匀性，同时硫化锰夹杂物作为钢基体腐蚀诱发场所，最易形成点蚀。降低钢中硫含量，不仅有利于改善钢的力学性能，也能明显提高钢的腐蚀抗力。钢中加入容易钝化的合金元素C、N、M，可促进阳极钝化，提高钢钝化膜的稳定性，抑制金属的氧化，同时合金元素形成很难溶解的合金碳化物，可强烈阻碍组织晶界的迁移，有助于获得细晶粒的组织，提高钢的耐蚀性能，可以说，合金元素加入对于钢抗腐蚀性的提升作用最为突出。

从调整钢筋基体组成结构入手，通过降低其易蚀成分而提高其耐蚀成分，形成更有利于抵抗氯盐侵蚀的组织结构，开发制备高耐腐蚀钢筋以替代低耐腐蚀的传统普通碳素钢筋，是长期解决钢筋锈蚀问题的有效方法。为此，国内外纷纷开展了一系列高耐腐蚀钢筋的开发研究，包括不锈钢钢筋、合金耐蚀钢筋等。

20世纪30年代，欧美一些发达国家为了使一些关系国计民生的重大工程使用寿命达到百年设计要求，通过钢筋富量添加Cr、Ni、M等合金元素，开发使用了不锈钢钢筋。适用于混凝土结构中的不锈钢钢筋，按照基体主要组织类型不同，常用的有单相奥氏体不锈钢钢筋及铁素体双相不锈钢钢筋等。与普通碳素钢筋相比，不锈钢钢筋不仅耐腐蚀性呈数量级提升，腐蚀抗力异常卓越，还具有高强度、高塑性、优良的高温耐火性、低温韧性以及良好的耐疲劳性。近40年来，美国及欧洲国家通过试验室模拟试验、海水长期暴露试验和施工现场试验对不锈钢钢筋进行了大量的理论和试验研究。试验发现，在低pH、高氯化物环境下，不锈钢钢筋能保持稳定状态，具有极强的耐蚀性能，不锈钢钢筋混凝的抗腐蚀力远远高于普通碳素钢筋混凝土。使用不锈钢钢筋能使混凝土结构长期免于锈蚀病害，同时还可减小混凝土保护层厚度。

美国、日本、欧洲等一些发达国家已将不锈钢钢筋列入混凝土结构用钢之列，并出台了专门的设计手册，而且在一些处于高腐蚀区设计寿命达75～100年的重大工程中已应用了不锈钢钢筋。应用不锈钢钢筋混凝最早的墨西哥海港工程ProgressoPier大桥，建于1937～1941年，其结构使用AISI304不锈钢钢筋抵抗严酷的海水侵蚀，该工程至今已安全服役70多年，一直未出现明显锈蚀现象，期间未进行过较大的维修，省去了大量维护费用。美国Oregon州2004年为取代旧桥设计的HaynsInlet Slough桥梁，处于海洋环境中，在关键结构构件使用了400t AISI2205双相不锈钢钢筋，设计寿命120年，是旧桥普通碳素钢筋混凝土桥梁寿命的2.5倍，该桥梁在设计期间，曾考虑使用环氧涂层钢筋，但因其不具备相应的耐久性，不能长期有效地阻止氯盐侵蚀，故放弃此方案而采用了以上使用不锈钢的方案。

《混凝土结构耐久性设计与施工指南》CCES 01—2004中指出，百年以上使用年限的特殊工程可选用不锈钢钢筋，是提高我国重大工程结构耐久性的重要组成部分和战略举措。港珠澳大桥是目前世界最长的跨海桥梁，因其所处海洋环境十分苛刻（Cl⁻含量高、温度高、湿度高、台风多），为保证结构百年服役寿命，承台、塔座及墩身等关键结构使用了AISI2205双相不锈钢钢筋。

理论试验和工程实践证实，采用不锈钢钢筋替代普通碳素钢筋，确实可从根本上解决钢筋锈蚀问题，保证结构长期耐久性。然而不锈钢钢筋因加入过多合金元素（Cr含量12wt.%以上，Cr、Ni含量20wt.%左右），一方面可焊接性差，给现场施工带来极大的困难，有时甚至无法进行施工，另一方面其初期生产成本高昂（是普通碳素钢筋成本的5~8倍），从经济角度考虑，难以大量应用于实际工程。

由于不锈钢钢筋合金元素Cr、Ni含量过高，价格高昂，使用范围受限，研发具有不锈钢钢筋相当耐腐蚀性能，同时成本相对低廉，且力学性能又可保证的钢筋材料成为自然选择，这已经成为世界许多国家的共识。

借鉴不锈钢钢筋和大气耐候钢成功研发应用的经验，世界许多国家纷纷致力于开发研究低成本、高性能的较低合金元素含量的耐蚀钢筋。美国MMFX钢铁公司于1998年首先开发了一种Cr含量约为9wt.%，同时含少量MoN的微合金耐蚀钢筋。该耐蚀钢筋具有在原子尺度上与普通碳素钢筋不同的微观结构，在金相组成上包含板条马氏体和板条马氏体之间的片状奥氏体，几乎不含渗碳体。该钢筋耐蚀合金元素含量控制在10%以内，生产成本得到一定控制。MMFX合金耐蚀钢筋的推出，引起许多研究人员的关注。国内外研究者纷纷开展了该耐蚀钢筋腐蚀行为和耐蚀性能的试验探索研究。据报道MMFX钢耐性能（以临界氯离子浓度衡量）是普通碳素钢筋5~6倍，可满足海洋工程混凝结构大约50年服役寿命设计要求。

为打破国外合金耐蚀钢筋开发应用的技术壁垒，我国合金耐蚀钢筋的研发也正加快步伐，先后有北京钢铁研究总院研制出的细晶粒Cu-P系和Cu-Cr-Ni系低合金耐蚀钢筋和武汉钢铁公司研制出的Cr 3~5wt%合金耐蚀钢筋，然而其耐腐蚀性相比MMFX耐蚀钢筋存有较大差距。近几年，江苏省（沙钢）钢铁研究院通过合金成分及生产工艺优化设计，开发推出了一种高强度高耐腐蚀钢筋"Cr10Mol"（约含Cr 10wt.%及Mo1wt.%，金相组成上包含铁素体和贝氏体，不含渗碳体），并已申报了多项发明专利，试验室腐蚀试验初步证明，其腐蚀临界氯离子浓度达到普通碳素钢筋腐蚀临界氯离子浓度的10倍以上。该钢筋现已初步示范应用于江苏省灌河特大桥工程关键结构，其与国外MMFX耐蚀钢筋相比，Cr等合金元素含量相近，经济成本相当，但耐腐蚀性更加优越，对于保证海洋环境混凝土结构百年服役寿命设计要求具有很大潜力。

总的来说，在组成上，相比不锈钢钢筋，合金耐蚀钢筋主要合金元素种类基本不变，但含量较大幅度减少，同时增加微量合金元素（如Al、Mo、V等）总量，以求降低钢筋生产成本的同时保证耐蚀性能不至明显下降。合金耐蚀钢筋的最大特点在于合金成分可控，可根据侵蚀环境的严酷程度以及混凝土结构寿命设计要求，进行合金成分的调整优化，从而实现钢筋的低成本、耐腐蚀目标。相比普通碳素钢筋，合金耐蚀钢筋加入了Cr、Ni、Al、Mo、V等耐蚀合金元素，同时尽量降低C元素含量，将不锈钢钢筋的优良性能"移植"到钢筋中，避去传统碳素钢筋组织缺陷，从而提高钢筋的耐腐蚀性。合金耐蚀钢筋兼顾协调了生产成本与耐蚀性能的矛盾，在未来广泛用作混凝土结构增强材料，以满足重大土木工程高耐久性设计要求，前景广阔。

5.6　长寿混凝土对我国的重要性

混凝土作为建筑工程中最广泛使用的材料之一，在我国的应用范围极其广泛。然而，在不同环境下，混凝土所承受的力学和物理作用也会有所不同。特别是在我国某些严酷环境中，混凝土的性能面临着巨大挑战。为了确保混凝土的性能和耐久性，近年来工程领域在混凝土性能研究和改进方面取得了显著进展。其中，长寿混凝土作为一种性能更加卓越的混凝土，对我国建筑工程的发展具有重大意义。

在我国的特殊环境下，如海岸地区、高寒地区、高温干旱地区以及盐碱地区等，混凝土所面临的环境挑战尤为严峻，对其性能和耐久性提出了更高要求。例如，海岸地区的混凝土容易受到海水和海风的侵蚀，导致表面出现龟裂、起皮等问题；而高寒地区的混凝土则易受冻融循环的影响，引发表面剥落、开裂等现象。这些问题不仅会缩短混凝土的使用寿命，还会影响工程的使用效果和安全性。

为了应对这些挑战，工程领域在混凝土性能研究和改进方面进行了多方面的创新尝试。以下是几个典型案例：

1）港珠澳大桥：面对海洋环境的严峻考验，工程师采用了抗侵蚀材料和不锈钢钢筋等先进材料，确保工程达到120年的设计使用年限。

2）青连铁路：为应对高浓度氯盐侵蚀和冻融耦合作用，项目采用了耐久性定量设计方法和特种耐蚀钢筋，成功研制出长寿混凝土。

3）青岛万达东方影都产业园：针对高浓度氯盐和硫酸盐耦合侵蚀的问题，工程设计阶段考虑了硫酸盐腐蚀剥落的影响，并应用基体抗侵蚀材料和钢筋阻锈材料，制备出高性能长寿混凝土。

上述工程项目的混凝土耐久性状况良好，未出现普通混凝土在严酷环境下常见的腐蚀劣化问题，充分证实了长寿混凝土在严酷环境中的重要性和优越性。

总之，长寿混凝土的应用不仅能显著提高工程的耐久性和服役寿命，还能降低维护成本，提升结构安全性。随着我国基础设施建设的不断推进和环境挑战的日益严峻，长寿混凝土在我国建筑工程中的重要性将日益凸显，为我国建筑工程的可持续发展提供强有力的技术支撑。

◆ 习题

（1）哪些因素会引起混凝土耐久性的下降？

（2）混凝土结构服役寿命可分为几个阶段？阶段划分的关键是什么？

（3）工程中常用的混凝土结构寿命延长的方法有哪些？作用机理是什么？

（4）长寿混凝土对我国有什么好处？

第6章 混凝土的重生

（1）了解当前废弃混凝土主要来源类型与堆积危害，明确进行废弃混凝土资源再利用的重要性，奠定建筑垃圾再利用设计理念基础。

（2）了解国内外再生骨料制备工艺与设备，对废弃混凝土制备再生骨料当前特性与工艺优缺点进行理解，基于再生骨料成分组成与制备工艺，了解再生骨料基本特性。

（3）了解再生骨料-石粉-混凝土配合比设计过程以及再生骨料、石粉掺量对混凝土各项性能的影响。

（4）了解再生骨料目前在我国的应用状况。

◆ 6.1 被废弃的混凝土

混凝土作为难以直接重复利用的人造材料，建筑物的翻修和拆除活动也产生了大量的建筑废弃物。为了维护生态平衡，智能和有效利用现有资源，实现废弃混凝土等建筑固废资源的可持续发展应用变得至关重要。

6.1.1 废弃混凝土的来源

废弃混凝土是指建筑物拆除、路面翻修、混凝土生产、工程施工或其他状况下产生的废弃混凝土块。废弃混凝土的来源包括：

1）混凝土建筑结构达到了规定的使用年限或者由于各种原因提前老化、损坏或需要进行更新时，会对原有的混凝土结构进行拆除和清理。在城市建设和维护过程中，旧建筑的拆除和重建是产生大量废弃混凝土的主要来源。

2）市政基础设施的维护和改造也会产生大量废弃混凝土。例如，道路、桥梁、隧道、堤坝等工程的维修、拓宽或改造时，需要破坏性拆除原有混凝土，从而产生大量废弃混凝土。

3）商品混凝土厂和预制构件厂的不合格产品或因其他原因产生的不能加以使用的混凝土。

4）新建建筑结构的施工过程中也会产生一定量的散落混凝土，进而形成废弃混凝土。这包括混凝土浇筑前的预留浇筑口、模板拆除后的余料、装修工程过程中的废弃材料等。

5）施工单位试验室和科研机构测试完毕的混凝土试块或者构件，这部分废混凝土数量相对较少。

6）自然灾害（如地震、风灾、洪水等）以及人为因素（如战争、爆炸等）造成的建筑物倒塌而产生的废弃混凝土，这些废弃混凝土通常是在建筑物倒塌后清理和拆除过程中产生的。

固体废物管理已成为社会发展面临的一大挑战，其中建筑和废墟废弃物产生的废弃混凝土占据了固体废物的大部分。利用废弃混凝土或钢筋混凝土元素作为新混凝土的骨料已经成为近年来的研究热点。

6.1.2 废弃混凝土的堆积危害

我国每年的废弃混凝土量大面广，以废弃混凝土为主的建筑垃圾堆放占用了大量的生产用地，从而进一步加剧了我国人多地少的矛盾。随着城市建设规模的扩大及社会生活进步，建筑垃圾的产生量将持续增加，如不及时有效地处理和利用，建筑垃圾侵占土地的问题会变得更加严重。废弃混凝土堆积（图6-1-1）现象应当重视。

图6-1-1 废弃混凝土堆积

同时废弃混凝土的堆积对环境和生态影响巨大，废弃混凝土中可能含有一些有害物质。长期堆积和风化会导致这些有害物质渗漏到土壤和地下水中，污染土壤和水源，对生态环境和生物多样性造成威胁。

废弃混凝土在堆放场经雨水渗透浸淋，由于废弃砂浆和混凝土块中会含有大量 $Ca_5Si_6O_{16}(OH)\cdot 4H_2O$ 和 $Ca(OH)_2$，废石膏中含有的大量 SO_4^{2-}，废金属料中含有的大量重金属离子溶出，堆放场建筑垃圾产生的渗滤水一般为强碱性并且含有大量的重金属离子、H_2S 以及一定量的有机物，不加以处理将导致地表和地下水的污染。

废弃混凝土及其渗滤水所含的有害物质对土壤会产生污染，其对土壤的污染包括改变土壤的物理结构和化学性质，影响土壤中微生物的活动，破坏土壤内部的生态平衡；有害物质在土壤中积累，进而影响对生态环境和生物多样性。

在快速城市化背景下，废弃混凝土堆放已成为一个日益突出的问题，对环境、社会和经济造成了广泛影响。这些影响涵盖了土地资源的浪费、水体和土壤的污染、空气质量的降低，以及安全隐患的增加等多个方面。此外，它还负面影响了城市形象和居民的生活质量，同时给政府经济预算带来了额外负担。面对这些挑战，需通过加强立法监管、推广废弃混凝土的循环再利用、促进技术创新和研发等综合性措施共同应对。

6.1.3 废弃混凝土的处置现状

对于废弃混凝土的处置利用，我国目前推行的处置方式有：对建筑废弃混凝土进行收集、运输、资源化利用以及支持建筑废弃混凝土资源化利用项目建设。对于废弃混凝土采取破碎和筛分等处理加工后，将其用于道路基础、填埋料或再生混凝土的生产中。

同时，国内一些企业致力于对废弃混凝土进行回收处理，将其作为原材料用于新的混凝土生产中，从而减少对原材料的需求，降低生产成本，废弃混凝土处理再利用工程实况如图 6-1-2 所示。部分废弃混凝土可能会被送往填埋场进行填埋处理。然而，这种方式可能会对环境造成负面影响，因为混凝土在填埋过程中可能会释放出有害物质。此外，一些地区使用专门的混凝土破碎设备将废弃混凝土进行破碎，然后再利用于道路建设或者其他工程项目中。

图 6-1-2　废弃混凝土处理再利用工程实况

为了实现建筑材料的回收再利用，考虑到资源有限，许多发达国家开始对建筑废弃物的资源化利用进行大量研究。经过多年的研究与实践，建筑废弃物回收利用行业在建筑废物再生骨料（CW-RA）的核心生产基础上取得了突破，建筑废弃物处理的利用率已超过80%。例如，在日本，早在1997年便发布了再生混凝土的使用指南，并建立了用于生产CW-RA的再生混凝土和透水混凝土的回收厂。日本、美国、塞尔维亚等国家和地区通过利用建筑废物再生骨料进行透水混凝土工程应用的典型案例，如图6-1-3所示。这些案例表明，以建筑废物再生骨料为原料形成的透水混凝土在城市公园、停车场、人行道及其他低流量交通区域的广泛应用，实现了现代城市生态发展的需求。鉴于当前自然资源的短缺以及节能减排的压力，可以预见CW-RA混凝土工程应用前景将会非常广泛。对于废弃混凝土的科学利用在环境保护、资源节约和建筑技术创新方面拥有巨大潜力。

对于废弃混凝土进行科学利用，高度符合现代混凝土技术发展的趋势，即在保证结构安全和功能性的同时，也考虑环境影响和资源效率。通过将废弃混凝土转化为有价值的资源，不仅可以减少建筑废物的填埋，还可以降低新建材料的生产对环境的压力，从而在全

图6-1-3 日本、美国、塞尔维亚废弃混凝土再生骨料应用实例

球范围内促进建筑行业的可持续发展。废弃混凝土回收利用在环境保护、资源节约和建筑技术创新方面拥有巨大潜力。

◆ 6.2 再生骨料

由废弃混凝土分解生成、包含天然碎石与随机分布附着老砂浆的产物称为再生骨料。老砂浆的时空随机分布是再生混凝土性能离散性大，性能差的根源，也是再生骨料与天然骨料的主要差异。

再生骨料颗粒形貌呈现棱角多、表面粗糙、附着有硬化水泥砂浆等特点，依据再生骨料的来源与特性对其进行二次制备处理，通过颗粒整形优化、级配调整等方法，进一步地改善再生骨料原有缺陷，提升再生骨料体系的整体性能。

6.2.1 破碎设备

破碎是生产再生骨料的主要环节，对于建筑废物进行破碎，物料经过多道破碎和筛分工序后去除不需要杂质，形成各种粒径的骨料。当前国内外对于废弃混凝土的破碎工艺总体相似，主要通过将多种不同功能的破碎设备、传送机械、筛分设备、去杂设备进行系统组合实现废弃混凝土材料的破碎、筛分、去杂。

在德国，常选择在废弃混凝土处理场地的进口和出口分别放置两台破碎机，同时，为了机器运转过程中能够更好地散热，在再生骨料的制备过程中会进行洒水处理。因此，制备出来的再生骨料通常会比较潮湿，需要进行烘干处理。这一生产工艺可以制备四种不同粒径的再生骨料，整体而言，该工艺相对较为先进，能够有效地破碎和分类废弃混凝土。

俄罗斯的再生骨料破碎工艺采用一次和二次破碎的过程。在一次破碎阶段，通过粒径大小筛分，将再生骨料分为大于40mm的部分、5 ~ 40mm的部分和小于5mm的部分。该工艺通常要求再生骨料的粒径尽量小于40mm。因此，若一次破碎后再生骨料的粒径超过此标准的上限40mm时，经过二次破碎可以有效地去除废弃混凝土中的金属杂质、木材、玻璃和陶瓷等杂质。

当前我国的再生骨料破碎处理有了常见体系内容，例如通过夹式破碎机预先破碎大块卵砾石，以及使用油压式履带型碎石机处理废弃混凝土块，再结合风力分级设备进行骨料的分级处理，以及采用填充型加热装置来提高再生骨料的品质等措施。在结合国外发达国家废弃混凝土破碎工艺的基础上，我国学者研究出了投资更少、更具实用性的新工艺。周军等（2008）设计出了一套拥有更为完善分离系统的再生骨料破碎流程，废弃混凝土骨料再生工艺流程图如图6-2-1所示，推进了循环利用再生骨料。

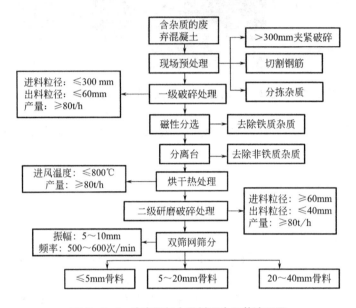

图6-2-1　废弃混凝土骨料再生工艺流程图

6.2.2　再生骨料成分

再生骨料分为再生粗骨料和再生细骨料，其中粒径小于5mm的颗粒为再生细骨料，大于5mm的为再生粗骨料。再生细骨料的成分复杂，含有较多杂物，与天然砂有较大差异，因此通常不单独采用过细的再生细骨料作为混凝土的掺合料。再生粗骨料的颗粒通常包括部分表面附着水泥砂浆的石子、少量与砂浆完全脱离的石子、部分碎砖块，以及极少部分的砂浆颗粒。

再生骨料中包含金属、塑料、沥青、木头、玻璃、草根、树叶和树枝等不属于混凝土、砂浆、砖瓦或石的物质。相对天然骨料而言，再生骨料在针片状颗粒含量上基本相当，但在杂物含量方面存在明显差异。由于再生骨料中杂物含量较高，通常需要进行筛分、清洗等处理，以确保再生骨料的质量符合使用要求。

在世界范围内，有一些关于在混凝土应用中使用再生骨料的守则、条例和指导方针，其中澳大利亚、新西兰、西班牙等国家的文件较为全面。澳大利亚、中国、新西兰和西班牙对再生骨料的标准展示了各国在建筑材料回收和可持续建筑实践方面的不同重点和要求。可再生骨料的代表性国际标准比较见表6-2-1。

澳大利亚的标准（HB 155：2002）（AS 1141.6.2）中强调了对再生混凝土骨料（RCA）质量的严格要求，特别是在干密度和吸水率方面，以确保用于新混凝土的骨料达到一定的质量标准。此外，澳大利亚还特别注意到再生骨料中砖块含量的限制，以减少

可再生骨料的代表性国际标准比较　　　　　　　　　表 6-2-1

国家/地区	回收骨料类型	干密度（kg/m³）	吸水率（%）	Cl⁻盐、SO₄²⁻含量限制	限制条件	回收骨料允许百分比	应用条件
澳大利亚（HB 155：2002）（AS 1141.6.2）	RCA（1A类）	≥2100	≤6	与天然骨料标准一致	粗骨料颗粒4～32mm	30%	40MPa 28d强度 25MPa
	RCA（1B类）	≥1800	≤8			100%	
中国（DG/TJ 08—2018—2020）（GB/T 25177—2010、GB/T 25176—2010）	RCA		≤10	氯盐0.03%～0.25% 硫酸盐0.8%～1.0%		≥95%且砖石建筑中<5%	
新西兰（NEN 5942，NEN 5921，NEN 5930）（NEN EN 12620：2013）	RCA	≥2100		氯盐0.05%～0.1%	结构上	按体积≤20%	40MPa 28d强度
	RMA	≥2000		硫酸盐<1.0%	非结构		
西班牙（UNE EN 12620：2003）	RCA	≥2000	≤5	氯盐≤0.05% 硫酸盐≤0.08%	非预应力混凝土	≤20%	40MPa 强度

备注：RCA为回收混凝土骨料；RMA为回收砌块骨料。

可能的质量变异性。中国的标准（DG/TJ 08—2018—2020）（GB/T 25177—2010、GB/T 25176—2010）体现了对再生骨料使用的开放性，允许100%的再生骨料使用，并对干密度和吸水率设定了具体标准。这表明中国在推广再生骨料的使用上采取了较为积极的态度，以促进建筑废物的回收利用。新西兰（NEN 5942、NEN 5921、NEN 5930）（NEN EN 12620：2013）对再生骨料的类型进行了更为细致的标准区分，依照不同类型对使用范围进行了严格划分，同时强调了再生骨料使用上限为浇筑结构体积的20%，对于再生骨料的利用秉持更为谨慎保守的处理态度。西班牙的标准（UNE EN 12620：2003）相较于中国标准更为严苛，对于再生骨料的利用允许限额与新西兰的保守态度一致。

综上所述，虽然各国在再生骨料的标准制定上有所不同，但共同点在于都强调了对再生骨料质量的关注，旨在确保其在新混凝土中的应用既安全又环保。这些标准反映了全球范围内对建筑废物再利用和可持续建筑实践的普遍重视。

6.2.3　再生骨料性能

近年来，国内外许多学者的研究结果表明，再生骨料与天然骨料相比存在性能上的差异。再生骨料表面粗糙，棱角较多，并且通常附着旧水泥砂浆。这种旧水泥砂浆的存在会降低界面过渡区的强度，同时废弃混凝土在破碎过程中会产生大量微裂纹，从而使得再生骨料本身在强度与耐久性上存在较为明显缺陷。

相较于天然骨料，再生骨料具有较高的吸水率、空隙率和压碎指标，其粒形较差，呈现多棱角特征，并且表观密度较低。白雷雷等人进行了对比研究，采用5～31.5mm连续级配的天然碎石与不同来源的再生骨料，结果显示不同成分的再生骨料表观密度较低、吸水率和压碎指标更高，使得综合性能方面表现不如天然骨料。

受到破碎工艺处理影响，再生细骨料表面粗糙，颗粒边缘棱角较多，内部存在大量微裂纹并伴随水泥颗粒存在。在组分构成中，水泥石含量愈高，再生细骨料吸水率愈大。颗粒微裂纹越多，吸水率越大。从而进一步影响了其在混凝土拌合物中的表现，因此不建议单独作为集料替代使用。

再生粗骨料在针片状颗粒含量方面与天然粗骨料相近，但由于在破碎制备过程中可能产生较多的碎片，导致颗粒表面比较粗糙且具有多棱角，含泥量高于天然粗骨料。同时再生粗骨料具有更低的堆积密度和表观密度，使其具有更高的吸水率与质量损失率，进而影响再生粗骨料的耐久性。再生粗骨料在混凝土拌和中的应用涉及循环利用次数、颗粒粒径、替代率等因素，这些因素会对再生混凝土的性能产生影响，主要体现在和易性与含气量方面。再生粗骨料的循环利用次数对混凝土的性能有影响。随着再生粗骨料的循环利用次数的增加，其体积密度和表观密度会下降，进一步使得再生混凝土坍落度下降程度增大。同时当再生粗骨料的最大粒径增大、作为骨料的替代率增加均会使得再生混凝土坍落度下降。

6.3　再生石粉

再生石粉（图6-3-1）是一种新型建筑材料，由废弃的石材、混凝土渣、砖块等建筑垃圾经过破碎、研磨、分级等工艺处理后制成。该产品具有高强度、高密度、高耐磨性等特点，可广泛应用于建筑、道路、园林等领域。

在建筑领域，再生石粉常被用作替代性原料，它可以与水泥、混凝土或其他胶结材料混合，以改善材料的性能和减少对天然资源的依赖，在实际应用中通常可以用于制作墙体材料、地面材料、装饰材料等，其环保、节能、经济的优势得到了广泛认可。在道路工程中，再生石粉可以作为路基填料、路面基层材料等，其高强度、高稳定性的特点有助于提高道路的质量和寿命。在园林工程中，再生石粉可以用于制作景观饰面、步道砖、花坛石等，其自然、环保的特点与园林环境相得益彰。

再生石粉作为一种再生材料拥有其独特的环保价值，再生石粉作为一种建筑垃圾再利用产品，有效地实现了资源的循环利用。通过破碎、研磨、分级等工艺处理，原本被视作废物的废弃石材、混凝土渣、砖块等建筑垃圾得以转化为有价值的建筑材料，这不仅减少了建筑废弃物的堆积，降低了对土地资源的占用，同时也减少了天然石材的开采，从而降低了对自然环境的破坏。而且，使

图6-3-1　再生石粉

用再生石粉有助于降低建筑行业的碳排放和能源消耗。在传统的建筑材料生产过程中，往往伴随着大量的能源消耗和碳排放。而再生石粉的生产过程则大大减少了这些环境负担，因为它主要是通过对已有废弃物的再利用来实现的，无需进行大量的开采和加工。再生石粉的应用还有助于减少建筑废弃物对环境的污染。建筑废弃物如果处理不当，很容易对土壤、水源等环境造成污染。而通过将这些废弃物转化为再生石粉并应用于建筑领域，可以有效避免这一问题，同时也为城市的环境治理提供了有效的手段。

再生石粉的经济效益也不容忽视。由于其原材料主要来源于建筑垃圾，成本相对较低，这些废弃物的再利用不仅减少了新资源的开采，而且为建筑行业提供了一种成本效益较高的替代性原料，因此使用再生石粉可以降低建筑成本，提高经济效益。同时，这也为建筑垃圾的处理提供了可行的经济出路，促进了循环经济的发展。再生石粉在建筑、道路、园林等领域的广泛应用，为相关产业链带来了显著的经济效益。例如，在建筑领域，再生石粉可以作为墙体材料、地面材料、装饰材料等的原材料，其需求量的增加带动了相关制造行业的发展，创造了更多的就业机会和产值。

再生石粉的生产和处理技术也在不断地创新，包括破碎、研磨、分级等工艺的不断优化，以提高再生石粉的质量和性能，例如，采用先进的破碎设备和技术，可以更有效地破碎建筑垃圾，提高再生石粉的粒度均匀性和破碎效率。同时，研磨技术的改进也使得再生石粉的细度更加可控，满足不同领域对材料性能的需求。随着智能化和自动化技术的发展，再生石粉的生产线也逐步实现智能化和自动化控制。通过引入智能传感器、自动化控制系统等先进设备和技术，可以实现对再生石粉生产过程的实时监控和精准控制，提高生产效率和产品质量稳定性。这些技术创新有助于推动再生石粉在建筑领域的更广泛应用。

需要注意的是，再生石粉的生产和使用应符合相关标准和规范，确保产品的质量和安全性。同时，在建筑应用中，应根据具体工程要求和实际情况选择合适的再生石粉产品，并进行相应的设计和施工。

6.4 再生骨料-石粉-混凝土

再生骨料-石粉-混凝土是指将混凝土中的骨料（主要为粗骨料）按级配部分或全部替换成再生骨料，将细骨料替换成石粉配制而成的混凝土，该类混凝土能缓解天然资源枯竭并促进废弃资源的循环利用，具有良好的环境和经济效益，可作为一种新型的绿色建筑材料而进行推广应用。

6.4.1 设计

再生骨料-石粉-混凝土的设计应考虑多方面因素。不同含量的石粉和再生骨料取代率对混凝土的各项性能都会产生影响。在具体设计再生骨料-石粉-混凝土时，应以行业标准《普通混凝土配合比设计规程》JGJ 55—2011为基础，考虑混凝土的具体强度和耐久性要求，选择掺入适量的石粉及再生骨料，考虑再生骨料的种类和粒径分布，选择合适的水灰比，并添加必要的外加剂，使混凝土的性能获得预期的要求。同时应考虑经济性需求，如材料成本、人工成本、运输成本等，以确保设计方案在经济上可行。

1）初步配合比设计，用式（6-4-1）计算初步的基本材料用量：

$$\frac{W}{B} = \frac{\alpha_a f_b}{f_{cu,0} + \alpha_a \alpha_b f_b}$$ （6-4-1）

式中：$\frac{W}{B}$——混凝土水胶比；

α_a、α_b——回归系数，按碎石取值 α_a=0.53，α_b=0.20；

f_b——胶凝材料（水泥与矿物掺合料按使用比例混合）28d胶砂强度；若无实测值，可按公式 $f_b = r_f \cdot r_s f_{ce}$ 计算，r_f r_s 为矿物掺合料系数，如无矿物掺合料时，r_f r_s 取1，f_{ce} 为水泥28d胶砂强度，若无实测值，可按 $f_{ce} = r_c f_{ce,g}$，r_c 为富余系数，$f_{ce,g}$ 为水泥强度等级（如强度等级为42.5时，r_c 取1.16）；

$f_{cu,0}$——混凝土配制强度，$f_{cu,0} = f_{cu,k} + 1.645\sigma$；$f_{cu,k}$ 为混凝土立方体强度的标准值；σ 为混凝土强度的标准差，强度等级在C25 ~ C45时取5.0。

2）配合比基准设计：

根据《再生骨料混凝土应用技术标准》DG/TJ 08—2018—2020规定，再生混凝土的净用水量在普通混凝土的基础上增加5%或10kg/m³，得到基准配合比。

3）试验配合比设计：

考虑再生粗骨料的吸水性，在计算单位用水量时，应按照粗骨料的吸水率增加单位用水量，增加的这部分用水量即附加水；附加水＝粗骨料用量（吸水率-含水率），最终得到试验配合比。

6.4.2 性能

目前，已有再生骨料-石粉-混凝土性能的相关研究。石粉和再生骨料的掺量对混凝土的各项性能如工作性能、力学性能、耐久性都表现出不同的影响。

石粉的粒径较细，在混凝土的工作性能上，石粉的掺量存在最佳值，此时石粉可以很好地填充混凝土浆体的空隙，使粗细骨料之间的碰撞减小，从而很大程度上改善混凝土拌合物的和易性；再生骨料-石粉-混凝土的坍落度基本上随着石粉含量的增大而减小，对于不同强度等级再生混凝土，石粉含量不同时，坍落度值不同，随石粉含量下降幅度也不尽相同；在黏聚性上，再生骨料-石粉-混凝土的黏聚性随石粉含量的增加有向好的趋势，石粉的存在可以增加混凝土的黏稠度，在一定程度上可以改善混凝土拌合物的黏聚性；在配合比一定的条件下，再生骨料-石粉-混凝土拌合物的保水性对石粉含量的变化比较敏感。

对于力学性能，再生骨料-石粉-混凝土的抗压强度随着石粉掺量的增多呈现先上升后下降的趋势，在抗压强度的数值上存在石粉最优掺量，这主要是因为石粉粒径小、比表面积大、吸水性强，适量的石粉可填充基体与再生骨料之间的孔隙并减少泌水，使混凝土的骨架更为密实，但加入过量石粉时，粗颗粒砂的含量相对减少，骨架作用削弱，石粉的吸水性会导致实际水化用水量不足，砂浆与骨料界面的粘结力减弱，导致强度下降，且对于不同强度标准对应的混凝土对应有不同的最优石粉含量，例如，有研究表明C25时较优的石粉含量为5%，而C35和C45时较优的石粉掺量为10%；混凝土的轴心抗拉强度随着石粉含量的增加与抗压强度呈现出相同的趋势，表现出先升后降的趋势，而劈裂抗拉强度随着石粉含量的增加呈现先上升后下降再上升的趋势，而强度的峰值出现在第一次上升阶段。在耐久性上，因为石粉具有一定的活性，在一定掺量内石粉的掺入可以加快水泥的水化，同时石粉较细的粒径改善混凝土的孔隙结构，密实基体，从而提高混凝土的抗渗透性、抗碳化性以及抗氯离子渗透性等。

再生骨料的性能与天然骨料之间存在较大差异，对于混凝土的工作性能，再生骨料的高吸水率会使新拌混凝土浆体的坍落度和扩展度损失加快，屈服应力增大，塑性黏度降低，同时，再生骨料多棱角，表面粗糙，故会导致混凝土的流动性变差，再生骨料的粒径大小也会影响混凝土的工作性能，当骨料粒径增大时，其表面积随之减小，砂浆不容易挂壁，黏聚性和保水性变差，当粒径过小时，砂浆无法在骨料之间起到很好的润滑作用，导致流动性变差。在再生骨料-石粉-混凝土的力学性能上，混凝土的抗压强度随着再生骨料掺量的增加先增大后减小，有研究显示，在再生骨料掺量为30%以下时，混凝土的抗压强度略微提高，而当掺量达到50%时，强度则发生明显下降，这是由于再生骨料形貌较天然骨料不规则，导致其与新拌砂浆之间粘结强度更高，这种影响在再生骨料掺量较低的情况下占据主导，而同时，再生骨料表面有较多孔洞，吸收水分较多，使得再生骨料与砂浆的界面过渡区中含水量更高，形成更大的 $Ca(OH)_2$ 晶体，弱化内部结构，这在再生骨料较高掺量时起到主导作用，混凝土的抗拉强度随着再生骨料掺量的增加同样表现出先增大后减小的趋势。在混凝土的耐久性上，有研究表明，随着再生骨料掺量的增加，无机混合料的抗冻性能呈先增长后减小的趋势，在再生骨料掺量为70%时，获得最佳的抗冻性能；经过简单破碎后再生骨料制备的混凝土试件氯离子扩散系数随着再生骨料掺量的增大而增大，这是因为简单破碎的再生骨料内部含有更多的微裂缝，孔隙率较大，氯离子渗透通道增多，故抗氯离子渗透性更低，但若再生骨料经过多次整形后，粒形更加圆滑，粗糙度减小，这样抗氯离子渗透能力会得到一定程度的提升。同时需要注意，再生骨料具有吸水率高、压碎值高等缺点，骨料与砂浆之间存在界面过渡区结合力较弱的特点，可通过相关手段强化再生骨料从而提升混凝土的各项性能。

◆ 6.5　再生骨料在我国的应用情况

西方发达国家对再生骨料的处理和应用技术研究起步较早，并制定了相应混凝土再生骨料的应用指南，产业链相对完善。我国对于再生骨料的相关研究工作较国外起步晚，应用较为滞后。目前，我国社会经济长期保持高速发展，因此对于各类原材料的需求量较高，在这种环境下，合理应用再生骨料作为混凝土原材料，不仅可以节省人力、物力，降低骨料的利用所产生的对环境、资源的负担，同时原有的建筑垃圾污染现象也会得到一定的治理，对提高经济效益具有重要意义，符合我国可持续发展的战略。

在我国，再生骨料主要用于取代天然骨料，用来配制普通混凝土或普通砂浆，或者作为原材料用于生产免烧砌块或免烧砖。在建筑工程中，再生骨料可部分或全部替代天然骨料，用于生产再生混凝土、再生砌块等建材产品，减少对自然资源的依赖。在北京奥运会主体育场馆"鸟巢"的建设过程中，其所采用的混凝土中，再生混凝土的比例达到了50%以上，大大降低了工程的施工成本以及建筑垃圾对环境的污染；在道路交通建设中，再生骨料可以用作路基填料使用，如图6-5-1所示。再生骨料作为路面基层具有可实现性、操作性，减小了直接清除原路面混凝土带来的材料浪费，例如，合宁高速公路修建采用的是水泥混凝土路面，随着交通量和使用年限的增加，混凝土路面出现了不同程度的损害，每年会产生大量的废弃混凝土以及高昂的维修费用，因此，在此路面维修工程中，就地利用废弃混凝土再生骨料替代天然骨料配制再生混凝土用于道路修复，废弃混凝土利用率达到了70%以上，大大降低了道路修补成本，同时解决了废弃混凝土的堆积问题；在园林景观中，再生骨料所制备的再生骨料透水砖，再生路缘石等材料可应用于公园、广场、小区等绿化项目中，用于铺设步道、广场地面等，图6-5-2为再生骨料透水砖，美观环保，体现绿色生态的设计理念。

图6-5-1　再生骨料用作路基填料

图6-5-2　再生骨料透水砖

再生骨料应用的高值化是未来再生骨料发展的主要方向，目前，再生骨料常见的一些高值化应用，如再生仿石材透水砖、再生混凝土幻彩砖、工艺品级再生混凝土制品等，这些产品也渐渐被市场所接受，为建筑垃圾走向高值化综合利用发展道路提供了经验。超高性能混凝土是再生骨料高值化利用的另一方向，将再生骨料加入到超高性能混凝土中时，通常以再生微粉的形式作为辅助胶凝材料替代水泥，由于再生骨料的吸水性较大，会在一定程度上影响超高性能混凝土的流动性，但目前只有少数研究将再生骨料应用于高性能混凝土上，再生骨料在超高性能混凝土上的应用的可行性还需要做进一步的研究。经调查发现，再生骨料还可以应用于再生干拌砂浆、再生墙板等，并且这些产品的市场需求量、产品利润率和产品所含再生骨料的比例都比较高，是适当的建筑垃圾再生利用产品。此外，随着技术的不断创新，再生骨料的应用领域还在不断拓宽，例如，通过改善技术和智能化生产线的应用，可以进一步提高再生骨料的性能和产量，满足更多领域的需求。

随着国家政策的支持和科学技术的发展，我国对于再生骨料应用效果持续提高，部分一线城市已开始了再生混凝土的有效化应用。但目前，我国再生骨料的应用仍然存在一定的问题，例如，对于不同种类的再生骨料的拆分存在一定的问题，对于细骨料的利用率不足，对于再生骨料应用过程中的相关技术仍不成熟，对于再生骨料的相关标准滞后，对于再生骨料的相关法律制定相对滞后等，未来在这些方面仍需改进和完善。

◆ 习题

1. 对废弃混凝土利用处置规定加以说明，并举例分析废弃混凝土固废资源再利用实际案例。

2. 查阅文献资料，了解其他国家再生骨料制备工艺与设备，并与我国再生骨料制备工艺（可补充）进行比较，列举说明各工艺特点与优缺点。

3. 学习知识并查阅资料，简述天然骨料与再生骨料性能对比后的各自特点，并据此阐明你认为的当前再生骨料应用前景。

4. 根据书中内容及相关标准，尝试设计强度等级为C25，C35，C45再生骨料-石粉-混凝土各原材料的配合比。

5. 概括再生骨料、石粉掺量对再生骨料-石粉-混凝土各项性能的影响。

6. 简述再生骨料目前在我国的应用情况。

第**7**章 绿色低碳混凝土"数字化"

◆ 学习目标

了解数字化在混凝土全生命周期中的应用。

◆ 7.1 数字经济下的混凝土

数字化和绿色化是当今世界两大发展趋势，两者相互融合、相互依存、相互促进。以数字化引领绿色化发展，以绿色化带动数字化转型，两者无时无刻不产生着"1+1＞2"的协同效应。习近平总书记指出"数字经济正在成为重组全球要素资源、重塑全球经济结构、改变全球竞争格局的关键力量""深化人工智能等数字技术应用，构建美丽中国数字化治理体系，建设绿色智慧的数字生态文明"。

2021年11月15日，工业和信息化部印发《"十四五"工业绿色发展规划》提出聚焦一大行动、构建两大体系、推动六大转型，明确指出加速生产方式数字化转型，以数字化转型驱动生产方式变革，采用工业互联网、大数据、5G等新一代信息技术提升能源、资源、环境管理水平，深化生产制造过程的数字化应用，赋能绿色制造，包含建立绿色低碳基础数据平台、推动数字化智能化绿色化融合发展和实施"工业互联网+绿色制造"3个关键部分。同年12月12日，国务院印发《"十四五"数字经济发展规划》，从顶层设计上明确了我国数字经济发展的总体思路、发展目标、重点任务和重大举措。其中，再次强调了大力推进产业数字化转型和加快推动数字产业化这两项重点任务和重点工程。2023年2月27日，中共中央、国务院印发了《数字中国建设整体布局规划》（以下简称《规划》），这代表着数字化经济已正式成为我国宏伟蓝图的"经纬线"。规划指出，建设数字中国是数字时代推进中国式现代化的重要引擎，是构筑国家竞争新优势的有力支撑。加快数字中国建设，对全面建设社会主义现代化国家、全面推进中华民族伟大复兴具有重要意义和深远影响。

面对新形势、新要求、新机遇、新挑战，混凝土行业肩负着绿色低碳的使命，再次迎来蓬勃发展的春天，在我国波澜壮阔的数字化进程中与时代同行。近年来，通过与互联网、大数据、人工智能等数字技术的融合，混凝土全生命周期正朝着"绿色、数字、智能、高效"进化。

◆ 7.2 绿色、数字、智能、高效的"砼生"

7.2.1 混凝土原材料智能研判

（1）数字地质勘探

数字地质勘探是一项引人瞩目的技术，它借助卫星遥感、激光雷达和地理信息系统等现代技术，为我们深入了解地质环境提供了强大工具。图7-2-1为矿体表面模型示意图，卫星遥感通过卫星传感器获取的高分辨率图像，可以揭示地表的覆盖情况，辨别可能的矿产资源；图7-2-2为采空区三维管理示意图，激光雷达技术通过激光束测量地表，提供了高度精确的三维地形数据，对于了解地形特征至关重要，对混凝土原材料的开采具有重要指导作用；地理信息系统（GIS）则扮演着数据整合和分析的关键角色，通过将各种地质信息融合在一起，为混凝土原材料的分布、质量和可开采性提供更深层次的理解。

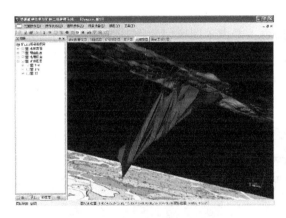

图 7-2-1 矿体表面模型示意图

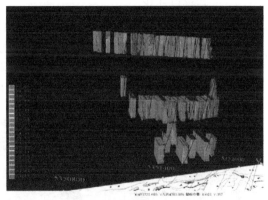

图 7-2-2 采空区三维管理示意图

（2）原材料质量智能检测

引入计算机视觉技术，通过相机和传感器等捕捉原材料外观、颜色、形状、大小等特征，通过深度学习模型进行识别，对原材料质量进行初判，避免获取低品质或受污染的原材料，以确保原材料质量符合设计要求，全流程可视的数字化预拌混凝土场站管理系统如图7-2-3所示，智能检验仪器设备如图7-2-4所示。

比如可用于构建低碳混凝土的原材料之一的高岭土，在我国广东、陕西、福建、江西、江苏、内蒙古等地均有分布，但在各地储量和品质均有所差异。通过智能研判，分析各地资源应用于混凝土的可行性

图 7-2-3 全流程可视的数字化预拌混凝土场站
管理系统

和收益性，可以因地制宜，制定不同高岭土利用方案并高效实施。

(a) 细骨料智能筛分机 (b) 粗骨料视觉识别系统 (c) 机制砂MB值智能检测仪

图 7-2-4　智能检验仪器设备

7.2.2　原材料开采智能决策

（1）开采自动化

应用人工智能分析地质勘探数据和采矿历史，考虑不同地层的物理特性、矿石含量、开采成本等因素，制定最优的开采方案；配套智能化采矿设备，基于自动化控制系统实现对开采过程的实时监测与优化，实时更新最优决策，最大限度地提高开采效率、减少资源浪费，最大限度地降低对环境的影响，智慧矿山自动化系统如图 7-2-5 所示。

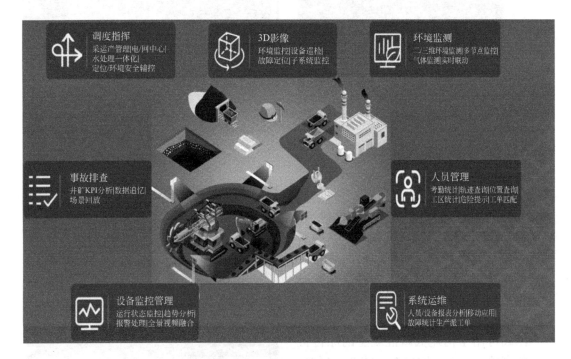

图 7-2-5　智慧矿山自动化系统

（2）环境监测与管理

建立数字化矿区管理系统，通过在原材料开采场地部署传感器网络，实时监测环境参

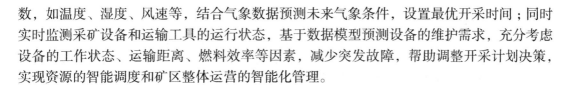

数，如温度、湿度、风速等，结合气象数据预测未来气象条件，设置最优开采时间；同时实时监测采矿设备和运输工具的运行状态，基于数据模型预测设备的维护需求，充分考虑设备的工作状态、运输距离、燃料效率等因素，减少突发故障，帮助调整开采计划决策，实现资源的智能调度和矿区整体运营的智能化管理。

7.2.3　混凝土生产工艺优化

（1）设备智能化

自动化系统和智能控制可以更精确地管理生产过程，减少生产过程的不确定性和错误，从而减少浪费和无效的能源使用。这些设备可以自动执行各种生产任务，以精确的方式执行这些操作，有助于提高产品质量和生产效率。

（2）智慧生产管理系统

混凝土生产流水线中涉及众多设备，引入传感器和实时监测系统，对混凝土生产过程进行智能监控。实时收集数据，通过机器学习模型分析，预测可能的质量问题，及时调整生产参数。利用人工智能优化混凝土生产过程中的能源消耗。智能系统可以预测能源需求，制订最优生产计划，减少不必要的能源浪费，降低碳排放。

当混凝土生产技术与数字化相结合，涌现出一场革命性的变革。传统的混凝土生产过程常常依赖于经验丰富的操作员和手工操作，然而，数字化技术的引入彻底颠覆了这一传统模式。数字化技术赋予了生产过程智能化的特性，通过在生产线上广泛应用传感器和监测设备，实时采集各种关键数据，如温度、压力、湿度等，使得生产环节得以实时监控和控制。这些数据经过数据分析和人工智能技术的深度解读，不仅可以用于优化生产参数和工艺流程，最大限度地提高生产效率，同时也能有效降低能源消耗和碳排放，从而实现生产过程的可持续化发展。这场数字化革命不仅仅是对传统生产方式的简单替代，更是对生产方式的根本性改变，为混凝土行业带来了更广阔的发展空间和更为可持续的未来。

混凝土生产技术和数字化的结合的应用如下：

1）智能化生产管理系统：通过在混凝土生产线上部署传感器和监测设备，实时采集生产过程中的各种数据，如温度、压力、湿度等。这些数据将被传输到计算机系统，利用数据分析和人工智能技术，进行实时监控和分析，以优化生产参数，提高生产效率，并最大限度地降低能源消耗和碳排放。

2）虚拟仿真和优化：借助计算机模拟软件，构建混凝土生产过程的数字化模型，模拟不同的生产方案和参数设置。通过对模拟结果的分析和比较，找到能够降低碳排放和能源消耗的最佳操作方案，以指导实际生产过程。

3）数据驱动的能源管理：建立混凝土生产的能源管理系统，通过收集、存储和分析生产过程中的能源消耗数据，识别出能源浪费和低效率的环节。基于这些数据，采取有效的节能措施，如优化设备运行参数、改进生产工艺、提高能源利用率等，以降低碳排放。

4）供应链数字化优化：利用计算机技术优化混凝土生产的供应链管理，通过建立供应链信息系统，实现对原材料供应、生产调度和产品配送的全面监控和管理。通过优化供应链的运作，减少不必要的运输环节和能源消耗，降低碳排放。

5）生命周期分析与优化：利用计算机模拟和数据分析技术，对混凝土生产的整个生命周期进行评估和优化。从原材料采集、生产制造、运输、使用到废弃处理等各个环节，寻找降低碳排放和环境影响的潜在改进点，并制定相应的改进策略。

图7-2-6为混凝土生产质量智能管控在线系统构架，这是一套混凝土生产质量智能管控在线系统，该系统的主要功能包括混凝土配合比误差分析、基于GPS地图的混凝土运输车管理、砂骨料含水率快速测定、混凝土原材料及成品质量检测数据关联分析、混凝土性能智能预测、预警。关键技术包括混凝土配合比参数动态调控技术、基于数据采集的混凝土数字化施工技术以及混凝土智能化拌和质量的实时预警反馈调节系统。

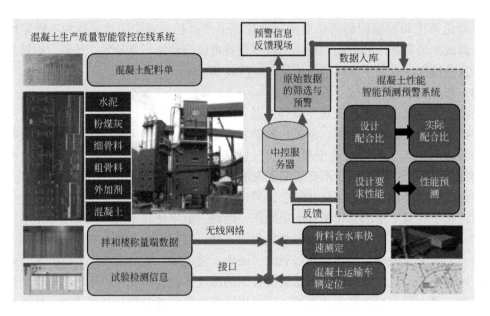

图7-2-6 混凝土生产质量智能管控在线系统构架

综上所述，这套混凝土生产质量智能管控在线系统通过多项关键功能的实现，为混凝土生产过程带来了革命性的变革。从混凝土配合比误差分析到基于GPS地图的运输车管理，再到砂骨料含水率快速测定和混凝土原材料及成品质量检测数据关联分析，再到混凝土性能的智能预测和预警，系统覆盖了生产过程中的各个环节。关键技术的引入，如混凝土配合比参数动态调控技术、基于数据采集的混凝土数字化施工技术以及混凝土智能化拌和质量的实时预警反馈调节系统，进一步提高了生产效率和质量的稳定性。这一智能化系统的应用，不仅推动了混凝土行业的数字化转型，也为行业的可持续发展和环境保护做出了积极贡献。

7.2.4 混凝土体系智能设计

（1）性能预测分析

基于大量的混凝土样本分析配方和性能数据，使用深度学习等技术，可以建立更准确的混凝土性能预测模型。这有助于在早期阶段对混凝土的强度进行准确预测，从而优化施工计划、减少测定强度所需的试验数量，提高混凝土的生产效率，减少资源浪费。机器学习可以识别配方中各组分的相互作用，预测其对混凝土性能的影响，并提供具体的调整建议。图7-2-7为机器学习预测混凝土抗压强度的流程图。

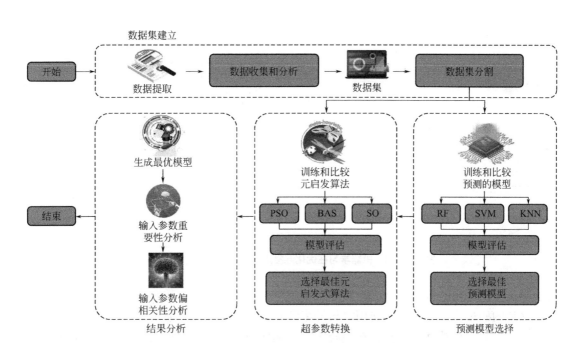

图7-2-7 机器学习预测混凝土抗压强度的流程图

利用数字化模拟和大数据分析技术，可以精确预测和优化碱激发胶凝材料的配方，提升其强度和耐久性。通过数字化技术，可以实现碱激发胶凝材料制备过程的精确控制，确保其质量的稳定性和一致性。碱激发胶凝材料混凝土具有凝结硬化快的特点，数字化技术可以进一步优化其施工流程，提高施工精度和效率。通过传感器和智能控制系统，可以实时监测碱激发胶凝材料混凝土在施工过程中的性能变化，确保施工质量的可控性。通过数字化技术，可以分析碱激发胶凝材料混凝土在长期使用过程中的性能表现，为评估其长期耐久性和环保性能提供数据支持。碱激发胶凝材料通常利用工业废渣等作为原料，数字化技术有助于进一步推动其绿色生产和应用，降低混凝土行业的环境负荷。

（2）体系设计指导

通过使用机器学习算法，可以对大量混凝土配方和性能数据进行分析，以找到最优的配方组合。这种方法可以帮助设计师减少对高碳水泥的需求，降低混凝土的碳足迹。机器学习可以识别配方中各组分的相互作用，预测其对混凝土性能的影响，并提供具体的调整建议。考虑到混凝土在不同环境条件下的性能差异，智能材料设计可以帮助模拟和预测混凝土在不同气候、温度和湿度等条件下的性能表现。这有助于设计师选择适合特定环境的混凝土配方，提高结构的耐久性和可靠性。图7-2-8为机器学习在优化混凝土配合比设计上的流程图。

将智能材料设计引入绿色低碳混凝土的生产过程，不仅可以提高混凝土的性能和可持续性，还可以减少对高碳水泥等资源的需求，降低碳排放，推动建筑行业迈向更加环保和绿色的方向。

利用数字化技术，可以模拟和分析辅助胶凝材料与混凝土基体之间的相互作用，从而优化其掺量和配合比，提升混凝土的整体性能。通过大数据分析，可以建立辅助胶凝材料

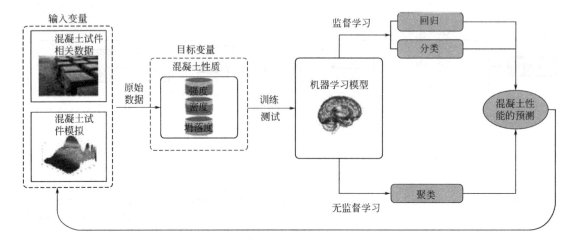

图 7-2-8　机器学习在优化混凝土配合比设计上的流程图

与混凝土性能之间的数学模型，为实际工程应用提供理论指导。数字化技术可以实现辅助胶凝材料的质量追溯，确保所使用材料的来源和质量符合标准。通过实时监测和分析，可以及时发现并解决辅助胶凝材料在混凝土生产和使用过程中的潜在问题。数字化技术有助于推动新型辅助胶凝材料的研发和应用，如工业废渣、粉煤灰等，不仅提高了资源的利用率，也降低了生产成本。通过与数字化技术的结合，可以拓展辅助胶凝材料在高性能混凝土、自密实混凝土等领域的应用。

数字混凝土作为数字化技术与建筑材料的融合，有着非常广阔的发展前景。通过计算机模拟和大数据分析，数字化混凝土能够精准预测和优化混凝土的性能，如强度、耐久性等，从而满足各种复杂工程的需求。数字化混凝土有助于减少混凝土生产和使用过程中的环境污染和资源消耗，促进建筑行业的绿色发展和可持续发展。随着科技的不断进步，数字化混凝土将在未来发挥更加重要的作用，推动混凝土行业的转型升级和可持续发展，有望在建筑领域引发深刻的变革。

7.2.5　混凝土服役健康监测

（1）结构健康监测

通过将传感器安装在混凝土结构中，例如使用振动传感器、声发射传感器、应变计、裂纹传感器等，来实时收集重要的结构参数，如振动、应力、裂缝的发生。这些数据通过物联网实时或定期进行上传并分析。收集的数据可以用于实时监控混凝土结构的健康状况，并利用数据分析方法，如时间序列分析，频域分析，进行深度理解和分析，以实现对结构状态的实时评估。机器学习技术可用于处理大量的数据，识别混凝土结构的异常行为和早期损伤迹象，改进健康评估方法，混凝土超声测试装置原理图如图 7-2-9 所示。

（2）预测性维护决策

利用历史数据和机器学习技术，可以对混凝土结构的未来状况进行预测，预测可能出现的问题，并提早进行维护以防止非计划的停机或大规模损害。通过整合多源数据并采用智能分析技术，决策支持系统可以提供更准确、详细的混凝土健康状态报告，并给出有针对性的维护决策建议。在需要维修时，引入人工智能支持智能化维修决策。通过结合结构

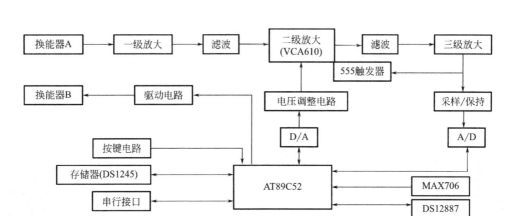

图 7-2-9 混凝土超声测试装置原理图

监测数据、维修历史和成本分析，智能系统可以提供最优的维修方案，减少资源浪费，检测混凝土裂缝的YOLOX算法与其他最先进的物体探测算法的速度与精度均值对比如图7-2-10所示。

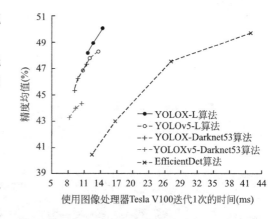

图 7-2-10 检测混凝土裂缝的YOLOX算法与其他最先进的物体探测算法的速度与精度均值对比

7.2.6 混凝土可持续循环利用

（1）废弃物智能管理

利用人工智能技术对混凝土废弃物进行智能化管理。系统可以识别可回收的混凝土材料，并制定最优的废弃物处理方案，促进废弃物的再利用。通过机器学习优化再生混凝土的设计，提高再生混凝土的性能。智能系统可以分析回收材料的特性，为再生混凝土的合理应用提供科学依据。

随着城市化进程的加速，建筑废弃物数量的剧增对环境构成了严重威胁，使得寻求高效且环保的废弃物处理方法变得尤为迫切。在这一背景下，张剑华团队采用了多模态深度神经网络技术，固废扫描网络结构图如图7-2-11所示，通过整合深度相机的三维空间数据和传统相机的颜色信息，利用深度卷积神经网络（CNN）提取特征，再通过softmax分类器进行精确的像素级标签分配。该过程最终通过全连接条件随机场（DenseCRF）实现了对固废的高精度分割，试验结果显示该方法达到了90.02%的平均像素精度和89.03%的平均交并比（MIoU），显著超过了现有的主流语义分割算法。

引入数字化处理方法不仅显著提升了建筑废弃物分类的精确度，还大幅度优化了处理流程的效率，这为后续的自动化分类和回收活动提供了坚实的技术基础，数字化固废识别对比效果如图7-2-12所示。数字化技术的应用，使得从复杂的建筑废弃物图像中分割出不同种类的废物，变得更加准确和可靠，极大地促进了资源的有效回收和再利用。这项技术的成功运用，在环境保护和促进可持续发展方面具有深远的意义。通过减少对填埋和焚烧等传统处理方法的依赖，显著降低了对环境的负面影响，有助于减少温室气体排放，保护生态环境。同时，高效的资源回收再利用也为节约资源、减少对自然资源的开采提供了有效途径，这对于建立循环经济体系，推动城市的绿色发展具有重要作用。

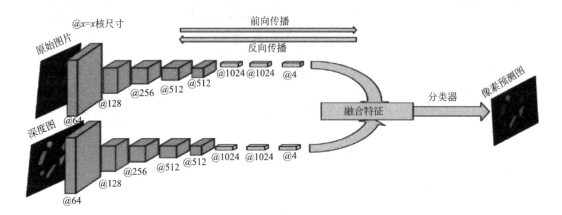

图 7-2-11　固废扫描网络结构图

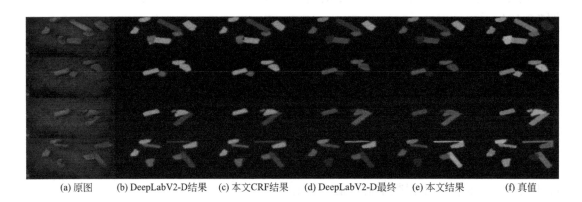

(a) 原图　　(b) DeepLabV2-D结果　(c) 本文CRF结果　(d) DeepLabV2-D最终　(e) 本文结果　　(f) 真值

图 7-2-12　数字化固废识别对比效果

通过数字化技术优化建筑废弃物的处理，不仅提高了分类和回收的效率，还有力地支持了环境保护和可持续发展的目标。这种创新的处理方法展现了数字化在固废管理领域的巨大潜力，为未来城市废弃物处理提供了新的方向和思路。

（2）循环经济规划

人工智能可以在混凝土循环经济中发挥关键作用，通过分析市场需求、废弃物处理成本等信息，制定支持循环经济的政策和策略，推动混凝土废弃物的有效再利用。利用人工智能进行混凝土废弃物的循环经济规划。系统可以模拟不同的废弃物处理方案，预测再生混凝土的需求，为政府和企业提供科学的废弃物处理决策，促进可持续发展。

在建筑废料处理和资源再利用方面，传统的试验和理论设计方法面临着成本高和流程复杂等问题。因此，利用机器学习（ML）模型和群体智能算法优化混合设计过程，提高再生砖石骨料混凝土RBAC的设计效率和性能，具有重要的研究价值和应用价值。

叶灵杰等学者团队提出了一种考虑低碳排、低成本等多因素的智能配合比设计方法。

引入再生混凝土强度影响系数，明确再生骨料与矿物掺合料对再生混凝土强度影响的数理关系。基于帕累托优化与目标优化决策，实现对再生骨料混凝土配合比设计的双目标配合比优化，再生砖石骨料混凝土配合比组合解如图7-2-13所示；再通过代码撰写将研究理论应用于再生混凝土配合比设计软件的开发，实现再生骨料混凝土配合比设计的智能化，建立了一个综合考虑压缩强度、碳排放和成本的多目标优化模型。

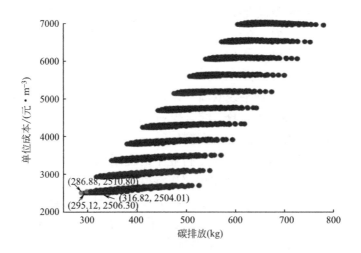

图 7-2-13　再生砖石骨料混凝土配合比组合解

通过机器学习和群体智能算法的结合，显著提升了再生砖石骨料混凝土（RBAC）混合设计的预测精度和效率，简化了设计流程，并降低了试验成本。通过优化建筑废料的再利用，减少了对自然资源的依赖，有效降低了建筑项目的碳足迹，对环境保护作出了积极贡献。此外，通过精确控制混合比例减少材料浪费，并优化混合设计以降低成本，为建筑企业带来了经济效益。这种方法还促进了建筑行业向更加绿色、可持续的方向发展，并为其他类型的建筑材料提供了智能化设计的参考模板，具有广泛推广和应用潜力。

◆ 7.3　全生命周期数字化管理

智能设计可以实现对混凝土结构全生命周期的智能化管理，包括设计、生产、施工、使用和维护等各个阶段。这有助于综合考虑混凝土的整个生命周期，从而更全面地实现绿色低碳目标。

通过在混凝土的全生命周期中引入人工智能技术，我们可以实现混凝土的绿色低碳生产和使用。从原材料获取到废弃再利用，人工智能在各个阶段的应用都有望降低碳排放、提高资源利用效率，推动混凝土产业走向更加可持续的方向。这不仅有助于减少对自然资源的依赖，还能够推动建筑行业朝着更加环保和可持续的未来迈进。

数字化系统可以提供混凝土生产的全过程可追溯性，从原材料采购到生产、运输和施工。这有助于确保混凝土的质量，并提高对碳排放的监管和管理水平。

◆ 7.4 案例研究与实际应用

7.4.1 全球范围内数字化推动绿色低碳混凝土

数字化技术在推动绿色低碳混凝土方面发挥着重要作用。数字化技术有助于提高能源利用效率，从而实现节能提效。在全球范围内，加快推进数字化绿色化协同转型已成为共识。全球电子可持续发展推进协会（GeSI）预计，未来十年数字技术将在能源、工业等行业中发挥关键作用，助力全球碳排放减少20%。《欧洲工业战略（2020）》提出气候中立和数字化双重转型战略，并在"地平线欧洲"计划中提供7.2亿欧元支持制造业和建筑业数字化转型减碳。同样，《"韩国版新政"综合规划（2020）》也强调支持"数字绿色融合发展"，计划向"智能绿色产业"投资2.1万亿韩元。

在全球范围内，数字化技术在混凝土行业中的应用也日益增加，推动着行业向更高效、环保和可持续的方向发展。苏阿皮蒂碾压混凝土大坝项目采用了数字化施工管理平台，具备实时动态监测坝面机械数据、信息自动计算和统计、混凝土热升层监控和预警等功能。这些功能不仅为施工实施效果的评价提供了数字依据，还显著提升了工程管理和质量控制水平，推动了管理过程的精细化和智能化。

马尔代夫维拉纳国际机场改扩建项目中，应用了以BIM模型为核心的数字化工程管理体系。这一体系不仅提高了参建各方的协同沟通效率，还通过设计优化显著节约了成本、缩短了工期，实现了项目管理水平的提升。该项目是一个涉及多专业、高难度施工的复杂工程，BIM及数字化施工技术的应用在确保项目顺利进行方面发挥了关键作用。

英国UKRI公司提出并开发了一套针对现有和新建筑的创新设计、改造和施工技术，这些技术基于使用或再利用当地采购的生物和地质材料，以及再利用和回收的组件，再加上一个数字平台，作为一种多目标的决策支持工具，用于优化这些材料在建筑中的整合。这可以建立一个综合战略，将可持续性和数字化嵌入到建筑行业。这套产品包括大型夯土砌块、再生烧制和非烧制砖（带/不带生物源绝缘材料）、混合稻草黏土板、再生混凝土砌块、预制废木材外墙和内墙元件、生物基预制幕墙、再生废纸和纺织纤维绝缘垫、生物基再生绝缘板/填充物和二次寿命光伏板。这些解决方案技术已经在试验室规模上得到了验证，并按照循环原则进行设计，将在真实建筑中进行放大、演示和测试，并使用数字平台以坚实的生命周期（和社会生命周期评估）角度进行优化。项目融合了创新设计与数字化工具，为全球数字化混凝土领域带来了精细化的策略。

剑桥大学工程学院与Costain公司合作开发的可持续混凝土原型追踪系统，可持续混凝土数字化设计流程图如图7-4-1所示。该系统利用数字化技术实现了混凝土材料从源头到最终产品的全程追踪，为混凝土工业的数字化转型提供了范例。

该系统的主要特点和优势如下：

基于数字线程的理念：将混凝土的组成材料、生产过程和最终产品整合到一个数字线程中，清晰地展示信息流，方便追踪和管理。

可追踪资源单元（TRU）的定义：将水泥、骨料、外加剂等组成材料和最终产品定义为TRU，每个TRU都有唯一的标识符，方便识别和追踪。

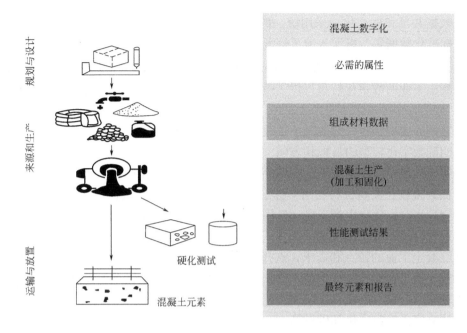

图 7-4-1 可持续混凝土数字化设计流程图

关键追踪事件（CTE）的识别：确定每个TRU在其生命周期中的关键信息点，例如材料来源、化学成分、生产过程和性能测试结果，确保信息的完整性和准确性。

创新的指纹识别技术：使用手持式喷墨打印机在混凝土表面打印QR码（图7-4-2），克服了混凝土表面粗糙和化学活性带来的挑战，实现了高效、可靠的信息追踪。

(a) 硬化混凝土   (b) 水泥袋   (c) 骨料储存仓的QR指纹

图 7-4-2 使用手持式喷墨打印机在混凝土表面打印 QR 码

模块化的系统架构：系统采用模块化设计，可以根据需要添加新的web表单和性能测试功能，以适应不同的追踪需求，具有良好的可扩展性。

降低碳排放和提高材料利用率：追踪系统有助于识别高碳排放的混凝土混合料，并促进低碳替代方案的使用，从而降低整体碳排放。同时，通过追踪材料来源和性能，可以更有效地管理材料使用，避免浪费并促进回收利用。

促进数据共享和标准化：采用统一的术语和流程可以提高数据共享效率和可操作性，构建大型标准化数据集，更深入地了解混凝土性能，并促进数据驱动型研究的发展。

总而言之，剑桥大学工程学院与Costain公司合作开发的可持续混凝土原型追踪系统，为混凝土工业的数字化转型提供了范例，为推动混凝土工业的可持续发展做出了重要贡献。

以上案例的成功实施，为混凝土工业的数字化转型提供了很多成功经验：

（1）明确数字化转型的目标和方向

制定明确的数字化转型战略，将数字化与绿色低碳发展相结合，例如：提高能源利用效率、降低碳排放、提高材料利用率等；制定具体的数字化转型目标和行动计划，例如：实施智慧管理平台、优化生产工艺、应用BIM技术、建立追踪系统等。

（2）选择合适的数字化技术

根据混凝土工业的特点和需求，选择合适的数字化技术，例如：BIM、物联网、大数据、云计算、人工智能等；注重技术的实用性和可操作性，确保技术能够真正应用于实际生产和管理中。

（3）建立完善的数字化基础设施

建立数字化网络平台，实现信息共享和协同工作；建立数据中心，收集、存储和分析数据，为决策提供支持；建立数字化人才队伍，培养具备数字化技能的人才。

（4）推动数据共享和标准化

建立数据共享机制，促进数据资源的开放和利用；制定数据标准，确保数据的一致性和可互操作性；建立数据安全体系，保障数据安全。

（5）加强人才培养和技能培训

培养具备数字化技能的人才，例如：BIM工程师、数据分析工程师、人工智能工程师等。开展数字化技能培训，提升员工的数字化素养。

（6）政策支持和资金投入

政府应出台相关政策，鼓励和支持混凝土工业的数字化转型。加大对数字化技术研发和应用的资金投入。

（7）合作与交流

加强与高校、科研机构、企业的合作，共同推动数字化技术的研发和应用。加强与国际先进水平的交流，学习借鉴先进的数字化经验。

通过以上措施，混凝土工业可以实现数字化转型，提高能源利用效率，降低碳排放，提高材料利用率，实现绿色低碳发展，推动行业向更高效、环保和可持续的方向发展。

7.4.2 我国的混凝土数字化进程

近年来，我国的混凝土数字化进程取得了显著进展，众多行业领先企业通过实践探索，不仅提升了生产效率，还推动了混凝土行业的可持续发展。随着新质生产力的不断进步和应用场景的不断拓展，数字化将在行业中发挥更加重要的作用。

（1）我国行业领先企业的实践

多家混凝土企业开始积极探索数字化转型，通过引入智能生产管理系统、物联网技术、大数据分析等先进技术手段，实现生产过程的数字化、智能化和网络化。采用数字化技术进行企业的转型升级、提质增效，建成将混凝土生产工艺及经营管理与现代信息技术进行深度融合，具备全面感知、柔性生产、敏捷服务、科学决策、产业协同、绿色安全等特点的新一代大型混凝土集团，成为行业大型企业的发展目标之一。

中国建材集团有限公司、中建西部建设股份有限公司、上海建工建材科技集团股份有限公司、重庆建工集团股份有限公司等企业开始积极探索数字化转型的路径。其中，中建西部建设股份有限公司积极推进智慧工厂建设，利用智能化生产线、物联网技术、大数据分析等技术手段，实现生产过程的精确控制和资源的创新配置。中建西部建设股份有限公司打造厂站一体化运营监控中心如图7-4-3所示、中建西部建设股份有限公司打造绿色监控中心如图7-4-4所示、中建西部建设股份有限公司打造智能工厂如图7-4-5所示，中建西部建设股份有限公司通过打造混凝土行业数字化服务平台"砼联"，进一步整合产业链上下游资源，提升产业链的协同效率。该平台不仅促进了细分行业资源整合，还优化了混凝土产业生态。在智能制造方面，中建西部建设股份有限公司搭建"砼智造"平台，形成了TOPS生产运营管理系统、CQMS质量管理系统、混凝土翼BI数字化管控系统等，面向混

图 7-4-3　中建西部建设股份有限公司打造厂站一体化
运营监控中心

图 7-4-4　中建西部建设股份有限公司打造绿色
监控中心

图 7-4-5　中建西部建设打造智能工厂

凝土行业生产单位提供混凝土生产管理一站式解决方案。公司智能工厂获评"工信部智能制造试点示范"，公司被评为混凝土智能制造产业化联盟理事长单位，主编了预拌混凝土行业首部智慧工厂评价标准，在数字化领域先后获得20项软件著作权、5项专利。

中建商品混凝土有限公司紧握数字化脉搏，通过数字化驱动流程优化及数据治理、推进产业互联网运营等系列举措，以新思维、新技术、新标准打造混凝土企业数字化转型标杆。其数字化实践涵盖了原料配合比、加工、生产、交付等全过程，并引入了智能过磅系统、骨料自动取样系统、细骨料智能筛分机、粉煤灰智能检测机等智能化设备。数字化转型使得中建商品混凝土有限公司的生产过程更加高效、智能，资源利用率显著提高，质量管控更加高效。同时，中建商品混凝土有限公司还通过运营监控中心实现全局监管，提高了风险防控能力。

上海建工建材科技集团股份有限公司作为预拌混凝土行业全国第三、全球第五的企业，通过打造大型混凝土集团全流程数字孪生运营平台，采用物联网、大数据、AI智能识别等技术，建立集团级、子公司、搅拌站三级数字化管理运营体系，实现混凝土场站全流程数字化生产、监管和集团层级的智慧运营，提高了预拌混凝土生产的整体效率，全方位提升企业生产和管理运营效能，实现企业的数字化高效生产运营。上海建工建材科技集团股份有限公司注重高精度预制构件生产，用数字化技术带动产业转型，采用智能控制系统，解决了生产装备在单条生产线上的自动化控制问题。在轨道交通方面，建材科技研发出节能环保数字化新型管片自动化流水线，被比作隧道盔甲的管片，主要用于支撑地下空间，新的自动生产线一天能生产24环管片。此外，上海建工建材科技集团股份有限公司

图7-4-6 管片抹面机器人

还使用全过程信息化管理系统，辅以混凝土抹面机器人等高科技手段，提高管片质量，并与同济大学、沈阳机床集团有限公司共同研发的智能抹平机器人，突破了智能化抹平机器人基于力反馈的末端执行器及控制技术、管片曲面和表面及缺陷自动视觉识别、自动曲面抹平工艺等关键技术，提升了管片生产自动化、数字化水平。智能管片抹平机器人主要通过自动视觉识别管片表面缺陷，通过机器替代人工进行管片表面的抹平，从而提升管片的表面精度，管片抹面机器人如图7-4-6所示。

重庆建工集团股份有限公司打造了"公鱼混凝土数字工厂"，如图7-4-7所示，该工厂以公鱼云ERP为基础，集成了多种智能化产品，实现了原材料入场无人值守称重、取样，生产指令智能调度，智慧物流配送及混凝土出场留样、试压等多环节的无人化、智能化。在混凝土生产环节，开发回收水含固量检测仪、云ERP、云工控系统、智能卸料系统、设备预测性维护系统等（图7-4-8），解决混凝土生产过程中回收水质量波动大、生产下料计量异常、生产设备异常等引起的混凝土质量问题。该工厂实现了从原材料装车、运送、入场验收，混凝土配合比设计，生产配料计量搅拌，到混凝土运输、泵送、交验的全链条管控和质量追溯。

图7-4-7 公鱼混凝土数字工厂

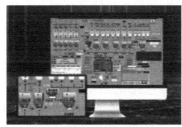

(a) 回收水含固量检测

(b) 智能卸料系统

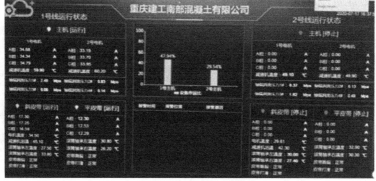

(c) 设备预测性维护系统

图7-4-8 混凝土生产监控智能系统

　　甘肃建投重工科技有限公司的混凝土搅拌运输车生产数字车间（图7-4-9）项目，引入智能生产管理系统，通过安装调试自动化焊接设备、焊接机器人等，结合数字化设计及数字化制造技术，实现了多层次、多模块的数控设备网络化管理，实时监控生产线的运行情况，及时调整生产计划和资源配置，显著提高了生产效率和产品质量。

　　数字化转型显著提高了生产效率和产品质量，降低了人工成本，增强了企业的市场竞争力，为混凝土行业的可持续发展注入了新的活力。

图 7-4-9　数字车间

（2）可持续混凝土项目的成功经验

在数字化转型的过程中，混凝土行业将更加注重环保和可持续发展。通过引入绿色制造和服务体系、优化生产流程、降低能耗等措施，推动行业向更加绿色、高效、智能的方向发展。

在数字化转型的过程中，混凝土企业越来越注重绿色工厂的建设。通过引入大数据分析技术，企业可以实现精细化管理，优化生产流程，降低能耗。同时，预拌厂还通过光伏发电、新能源车辆及设备的引入，进一步降低了运营过程中的碳排放。中建西部建设股份有限公司等领先企业通过绿色工厂建设，不仅提高了自身的环保水平，还为行业树立了标杆。这些企业在生产过程中注重节能减排和资源循环利用，推动了混凝土行业的绿色和可持续发展。

中建商品混凝土有限公司在技术创新、新材料应用、节能减排等领域开展了大量的研究实践，公司研发形成的"预拌混凝土绿色生产集成技术"被鉴定为达到国际先进水平（图 7-4-10）。公司申报的"中国建筑绿色混凝土产业示范基地"项目已论证通过，项目以科技创新为先导，以绿色环保为主题，通过建设绿色混凝土原材料供应链，建设环境友好型混凝土供应站以及开发推广绿色混凝土产品，实现节约资源、保护生态环境，促进循环经济的可持续发展的目标。

数字化转型促进了混凝土产业链上下游企业的协同与资源整合。通过构建数字化服务平台和打造产业互联网产品，企业能够打破信息壁垒，实现供货信息透明化。这不仅有助于企业降低成本和提高效率，还有助于推动整个产业链的可持续发展。中建商品混凝土有限公司通过落地运营"砼联智选""找砂石""砼车汇"等产业互联网产品，实现了与上下游企业的紧密合作和资源共享。这些平台不仅提高了供应链的协同效率，还推动了混凝土行业的数字化转型和可持续发展。

图 7-4-10　绿色混凝土生产线

在上海大歌剧院的建设中，BIM 技术被用于模拟双螺旋自由曲面混凝土厚壳的施工过程，通过参数化手段实现了对复杂曲面的精确控制和施工模拟，以确保施工方案的可行性和安全性。BIM 技术的精确模拟和优化，可以减少施工过程中的返工和浪费，有助于推动建筑行业的可持续发展和转型升级。上海大歌剧院在"扇轴"核心区的建设过程中，采用了超高性能混凝土（UHPC）作为大规模单独受力构件，有助于提高建筑的耐久性，降低建筑在使用过程中的能耗和碳排放。上海大歌剧院效果图如图 7-4-11 所示。

我国混凝土行业的数字化进程正在加速推进，行业领先企业通过实践探索取得了显著

图 7-4-11 上海大歌剧院效果图

成效。数字化转型不仅提高了生产效率和质量，还推动了混凝土行业的绿色、高效、可持续发展。未来，随着数字化转型的不断深入和技术的不断进步，我国混凝土行业将迎来更加广阔的发展空间和机遇。

7.4.3 实际应用中的挑战与解决方案

（1）面临的数字化转型难题

数字混凝土面临的最关键挑战在于数据驱动与机理驱动的有机结合。这一问题涉及多学科的深度融合，是一个系统科学的问题，要求研究人员具备一定的计算机科学、材料学、系统科学、运筹学和数值计算理论等方面的知识素养。此外，混凝土工程还面临着多层级广义问题的规划与决策挑战，数字混凝土框架结构如图 7-4-12 所示，数字混凝土系统设计是多维多层的框架结构。如何全面考虑所有输入和输出因素，以实现整体优化，也是数字混凝土亟待解决的难题。

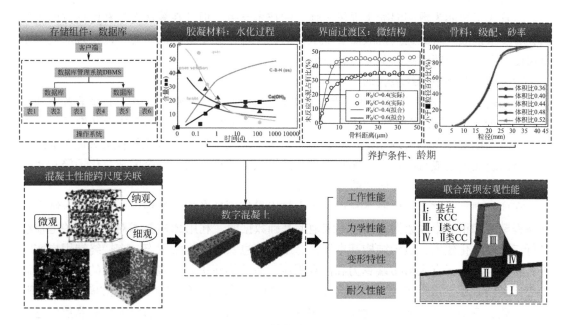

图 7-4-12 数字混凝土框架结构

人工智能的出现和不断发展为解决数字混凝土领域的问题提供了许多新的思路。然而，尽管各种算法层出不穷，但它们在计算效率和精度方面存在显著差异。此外，算法与具体待解决问题之间缺乏明确的对应关系，导致在实际应用中无法保证选择的算法能够高效且准确地解决问题。因此，对于综合解决混凝土全尺度、全生命周期问题的数字混凝土而言，智能算法的选择和优化成为一项严峻的挑战。

不同的混凝土应用场景对算法的需求各异。在混凝土材料配合比优化中，可能需要强调算法的精度以确保材料性能达到设计要求，而在施工过程监控中，实时性和计算效率则显得尤为重要。这意味着，单一的算法难以全面满足数字混凝土在各个环节中的需求，必须根据具体应用场景进行有针对性的算法选择和优化。

混凝土的全生命周期管理涵盖了从材料研发、生产制造、施工建设到使用维护和回收再利用的各个阶段。每个阶段的数据类型和处理需求不同，要求算法能够适应多样化的数据特征和处理任务。例如，早期阶段的材料研发可能更多依赖于试验数据和模拟数据，而施工阶段则需要处理大量的传感器数据和监控数据。如何在不同阶段选择最合适的算法，并确保这些算法能够高效协同工作，是一大难题。

对于数字混凝土设计实施环节中的算法需要有严格的要求，算法的可解释性直观决定了混凝土在数字化转型道路上与工程实践中的可靠性。在实际工程应用中，算法的决策过程需要具有一定的透明度，以便工程师能够理解和信任算法的输出。这对基于深度学习等黑箱模型的算法提出了更高的要求，需要开发出能够提供决策依据和解释的模型，或将这些黑箱模型与传统的基于物理机理的模型结合，提供更具解释力的解决方案。

随着人工智能技术的不断进步，新的算法和技术层出不穷，如何及时跟踪和引入最新的研究成果，确保数字混凝土系统始终采用最先进的技术，也是一项长期的挑战。这需要研究人员和工程师们保持持续学习和更新的能力，同时建立起有效的机制，将新技术迅速转化为实际应用。

尽管人工智能为数字混凝土提供了强大的技术支持，但其在算法选择和优化方面仍然面临着多重挑战。解决这些挑战需要多学科的深度合作和系统性的研究，以实现对混凝土全尺度、全生命周期问题的全面、高效解决。

（2）成功案例中的经验教训

在福建省坪坑水库堆石混凝土重力坝的服役性能监测管理项目中，工程学者结合人工智能（AI）、建筑信息模型（BIM）和三维地理信息系统（3D GIS）技术开发了一套大坝全生命周期安全监测管理系统，堆石混凝土重力坝安全监测管理系统框架如图7-4-13所示。该系统通过集成数字化信息库和人工智能算法，实现了大坝安全的智慧化预警和实时监测，最终目标是实现无人值守的智慧管理。

在项目中，通过无人机航飞和近景摄影技术采集坝址及坝区的地形影像数据，结合数字高程模型和正射影像数据，构建三维地形基础数据库。利用BIM技术对大坝及关键枢纽进行三维标准化建模，展示结构基本形式、工程信息及水库运维状态，支持终端用户实时查看和管理。为了克服Web端算力和内存限制，系统构建了基于轻量化技术的数据云存储中心，采用基于二次误差度量和顶点重要度的边折叠算法，优化BIM模型的轻量化处理，提高下载、渲染和处理速度。此外，利用深度学习方法和有限元分析对大坝监测数据进行精确预测，构建基于多级监控指标的安全预警模型。系统融合有限元与机器学习算法，评

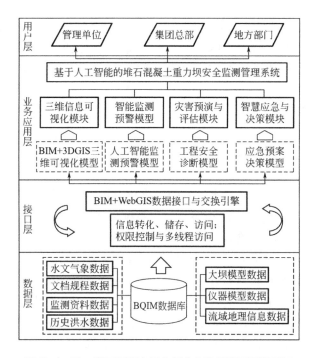

图 7-4-13　堆石混凝土重力坝安全监测管理系统框架

估大坝运行状态并进行灾害风险预演,自动生成应急处理预案。

金沙江鲁地拉水电站工程项目中的碾压混凝土坝数字化温控系统应用是另一个成功的数字混凝土应用案例,碾压混凝土坝数字监控系统工作流程如图7-4-14所示,该系统包含大坝施工信息管理、自动化数据采集、仿真反馈分析和预警决策支持四大模块,旨在实现大坝施工期和运行期数据的自动获取和高效管理,以及安全状况的实时评估和预测。

图 7-4-14　碾压混凝土坝数字监控系统工作流程

这套数字监控系统通过集成多种先进技术,实现了对大坝施工全过程的温控监测和管理。采用LN2026-T型数字化自动温度采集仪等设备，系统能够自动获取大坝的温度信息并无线传输至后台服务器。针对具体工程，编制温控信息采集与预警软件，自动对现场数据进行集成及分析，最终由温控专家通过各种形式进行决策支持，并将分析成果和预警信息传达给各相关方。

碾压混凝土坝数字监控系统，在金沙江鲁地拉水电站项目中的应用展示了其有效性和潜力。该系统有效指导了温控施工的全过程，实现了温度信息的自动获取、温控资料的数字集成和自动分析、分析成果的多方共享、预警信息的自动发布以及温控档案的备份查询。

坪坑水库案例与金沙江鲁地拉水电站的数字化温控平台系统应用案例成功展示了数字混凝土技术在实际应用中的有效性和潜力，该系统集成了BIM、3D GIS和AI技术，形成了一套完整的数字孪生大坝监测解决方案，具有重要的工程实践参考意义。这一成功实践表明，多技术融合可以有效提升工程项目的管理效率和安全性。通过贯穿工程全生命周期的监测管理，系统能够实时获取和分析大坝的运行数据，提供动态、安全的监测手段，进一步提升系统管理的运维水平。同时项目系统通过深度学习和有限元分析，实现了高准确度的变形预测和多级监控预警，提高了大坝的安全性和应急响应能力。在Web端算力和内存有限的情况下，通过轻量化数据云存储技术，优化了数据的存储和处理方式，提高了安全性能预测与监管系统的运行效率。

◆ 7.5 未来发展方向与展望

7.5.1 数字经济下混凝土行业的未来趋势

数字经济的兴起为混凝土行业带来了前所未有的变革机遇，其未来发展的趋势展现出智能化、数字化、绿色低碳等鲜明的特征，特别是人工智能、物联网、大数据等技术的深度融合，为混凝土行业带来了巨大的机遇与挑战。

在混凝土的生产过程中，随着物联网、智能传感器、大数据分析等技术的普及，混凝土生产线将实现高度自动化和智能化。通过实时监测原材料质量、生产过程参数以及产品性能，企业能够精准控制生产流程，提高产品质量和生产效率，同时，智能管理系统能够自动调整生产计划，优化资源配置，减少浪费，降低成本。数字技术的应用也将优化混凝土行业的供应链管理，通过区块链技术确保原材料来源的透明性，通过预测当前市场需求，减少库存成本和过剩产能，确保生产效益的最大化。并且数字化技术有助于提高混凝土生产过程中能源的使用效率，例如通过智能能源管理系统监控和调整生产过程中的能源消耗。在具体工程的设计与施工中，借助建筑信息模型（BIM）和虚拟现实（VR）技术，混凝土行业将实现设计、施工、运维等全过程的数字化管理。这不仅能够提高设计的精确度和施工效率，还能实现资源的优化配置和风险的提前预警，从而推动行业向高质量发展迈进，同时，相关新兴技术的融合，如3D打印、机器人施工和动画技术将进一步改变混凝土行业的施工设计方式，实现更快速、更精确的施工和更高的建筑质量。数字经济也推动了消费者对个性化和定制化产品的需求，混凝土行业可以通过数字化工具提供定制化的混凝土配方和产品，满足特定建筑项目的需求，并且通过大数据分析客户需求和市场趋势，企业能够及时调整产品结构和生产策略，满足市场的多样化需求。

绿色低碳混凝土是混凝土行业未来发展的重要方向之一，国务院发布的《2030年前碳达峰行动方案》中明确指出"加强新型胶凝材料、低碳混凝土、木竹建材等低碳建材产品研发应用"的目标，这意味着"低碳混凝土"将在国家"双碳"推动的历史性进程中，成为建材产业的一个重要引擎和推手，承载和寄托着全社会低碳发展的期待与希望。在数字经济蓬勃发展的时代背景下，绿色低碳混凝土也将走向数字化、智能化，实现更加高效、环保、智能的生产与应用，为构建绿色低碳、循环发展的经济体系贡献力量，主要可以表现在以下几个方面：

实现绿色低碳混凝土的技术创新和数字化应用，引入数字化技术，如物联网（IoT）、大数据、云计算等，对混凝土生产、运输、施工等全生命周期进行精细化管理。通过数字化手段，实现生产流程的优化、能耗的降低和碳排放的减少。例如，利用智能传感器监测生产过程中的能耗和碳排放，通过数据分析优化生产参数，提高能效和环保水平。实现智能化生产，推广智慧混凝土厂建设，实现生产过程的自动化、智能化。通过智能化控制系统，提高生产效率和产品质量，同时减少人工操作带来的误差和浪费。引入智能调度系统，优化运输路线和运输方式，降低运输过程中的碳排放。借助BIM（建筑信息模型）、CAE（计算机辅助工程）等数字化工具，对混凝土结构的力学性能、耐久性、环境影响等进行全方位仿真分析，优化设计方案，提高建筑的能效与绿色水平。同时，这些技术还能帮助预测混凝土在不同环境下的长期性能表现，为预防性维护提供科学依据。

推进绿色材料的使用和技术研发，加大对工业固体废物（如尾矿、矿渣、粉煤灰等）的研究开发力度，将其作为混凝土掺合料和轻骨料，提高掺量，降低水泥用量，减少对天然资源的依赖。鼓励利用对混凝土性能无害的工业固废加工砂石骨料和矿物掺和料，如隧道洞渣制备机制砂石、尾矿机制砂石等。推进新型绿色混凝土材料的研发，研发超高强混凝土、生态混凝土、环保利废轻骨料高性能混凝土等新型绿色混凝土材料，满足绿色建筑和建筑工业化发展的需求。推广低熟料胶凝材料制备技术，减少水泥熟料的用量，提高混凝土的绿色性能。

实现混凝土全生命周期绿色化。建立碳排放模型计算模型，建立基于混凝土全生命周期过程的碳排放计算模型，覆盖原材料采集、生产、运输、施工、使用和废弃处理等各个环节。通过科学计算，明确各环节的碳排放量，为减排提供数据支持。实现绿色设计与施工，通过优化设计，减少材料浪费和能源消耗，加强与建筑设计、施工单位的合作，实现预制混凝土构件产品的绿色制造、智能制造和循环再利用，在施工过程中，采用绿色施工技术和方法，如绿色模板、绿色养护等，降低施工过程中的碳排放。

7.5.2　学生的角色与责任

在推动绿色低碳混凝土发展的宏伟蓝图中，学生作为未来的建设者与引领者，扮演着不可或缺的角色并肩负着重大责任。他们不仅是创新的源泉，更是可持续发展理念的忠实传播者与践行者。学生应作为创新的探索者，激发强烈的创新意识，勇于探索新型混凝土材料与技术，积极参与绿色低碳混凝土材料的研发项目，力求在减少碳排放、提高资源利用率上取得突破。同时，学生应作为可持续发展的倡导者，培养并强化自身的可持续发展责任感，将绿色低碳理念深植于心，外化于行，提高公众对绿色低碳混凝土的认知，推动市场接受并应用环保建材，关注并参与制定绿色低碳混凝土相关的政策法规、行业标准，为行业可持续发展提供政策支持和标准引导，成为推动行业转型升级的重要力量。学生还应积极拥抱数字经济浪潮，成为数字经济的融合者，积极学习大数据、云计算、人工智能等前沿技术，并将其融入绿色低碳混凝土的研发、生产与应用之中，实现智能化、精准化管理，提升资源使用效率，降低能耗与排放。通过跨学科学习与合作，将专业知识与数字经济技能相结合，为绿色低碳混凝土产业注入新的活力与动能。

学生们更应将数字经济与绿色低碳理念融入自身的职业发展。在学习阶段，应鼓励学生进行跨学科跨专业学习，在当今这个日新月异的时代，单一的学科知识已难以满足解决复杂社会问题的需求，因此，鼓励学生跨越传统学科界限，如将土木工程、材料科学、计算机科学、环境科学等学科知识相融合，形成综合性的、前瞻性的知识结构，为绿色低碳混凝土的发展提供多维度视角和解决方案；同时鼓励学生积极参与企业实习、科研项目和社会实践活动，将理论知识与实践经验相结合，积累实际操作经验和解决问题的能力，让学生们可以更加直观地了解绿色低碳理念在社会各层面的应用与推广，为将来在绿色低碳混凝土领域的发展奠定坚实基础；保持持续学习与终身学习，面对绿色低碳混凝土技术和数字经济领域的迅猛发展，持续学习已成为个人成长和职业发展的必要条件。学生应树立终身学习的观念，保持对新知识的渴望和好奇心，紧跟时代步伐。通过参加行业内的专业培训、高端研讨会、国际交流活动等，及时了解行业动态、技术前沿和最新研究成果，拓宽视野，提升专业素养。同时，利用在线课程、数字图书馆等丰富的学习资源，灵活安排时间，自主学习新知识、新技能，不断充实和完善自己的知识结构。这种持续学习和终身学习的态度，将使学生能够在快速变化的环境中保持竞争力，为绿色低碳混凝土领域的可持续发展贡献自己的力量。

学生在绿色低碳混凝土的发展中，既是创新的驱动者，也是可持续发展的守护者，更是数字经济与绿色低碳理念融合发展的实践者，相信他们会以自身的热情和能力，绘制绿色、低碳、智能的建筑新篇章。

◆ **习题**

（1）根据全球先进数字化混凝土的经验，发展我国的混凝土数字化技术，并成功大规模应用于实践还需要完善哪些内容？

（2）大型混凝土集团预拌混凝土产业需要适应时代发展，积极探索利用大数据、人工智能、物联网等先进的数字化技术进行企业的生产和管理运营模式的转型升级，在今后的数字化运营建设中，还能从哪几个方面进行探索？

（3）简述数字经济下混凝土行业未来发展的趋势和绿色低碳混凝土的发展方向。

（4）简述学生在绿色低碳混凝土发展中所承担的角色与责任。

（5）结合教材内容及自身调研理解，试分析我国当前数字化混凝土应用的挑战。

参考答案

◆ 第2章 原材料绿色低碳化

（1）试叙述混凝土中的几种基本组成材料及其作用。

答：混凝土中的几种基本组成材料包括水泥、骨料、水。其中水泥水化硬化后在粘结粗细骨料方面发挥着关键作用。骨料在混凝土或砂浆中扮演骨架和填充角色。水主要是促进水泥发生水化作用，进一步将所有原材料胶结到一起。

（2）混凝土对砂、石等骨料的要求有哪些？

答：砂的表观密度应不小于$2500kg/m^3$，松散密度不小于$1400kg/m^3$，空隙率不大于44%。粗骨料（石子）的表观密度应大于$2600kg/m^3$，空隙率不大于47%。

（3）简述粉煤灰在混凝土中的作用。

答：粉煤灰的三大作用：粉煤灰形态为微细硅铝玻璃微珠，这些微珠由硅氧四面体、铝氧四面体和铝氧八面体等单元聚合而成，形成无规则的长链式和网络式结构，不容易解体断裂，存在活性效应（火山灰效应）。粉煤灰的火山灰效应指的是其中的活性二氧化硅、活性氧化铝等成分与氢氧化钙反应，生成水化硅酸钙、水化铝酸钙或水化硫铝酸钙等次生水化产物。这些反应有助于提高混凝土的强度。在水泥水化时，粉煤灰处于碱性介质中，其硅铝玻璃体中的Si-O、Al-O键与OH^-、Ca^{2+}以及剩余的石膏发生反应，生成水化硅酸钙、水化铝酸钙和钙矾石等产物，进一步增强混凝土的强度。此外，粉煤灰还存在形态效应，粉煤灰中富含表面光滑的球形玻璃微珠颗粒。由于这些微珠具有"滚珠作用"，使得粉煤灰在混凝土中具备一定的减水作用。这有助于降低混凝土的单方用水量，减少混凝土硬化后形成的较大孔隙。混凝土的需水量主要取决于固体材料混合颗粒之间的空隙。因此，在保持一定的稠度指标的前提下，使用粉煤灰可以降低混凝土的需水量，减少孔隙率，改善混凝土的致密性。另一个作用为微集料填充效应，粉煤灰的微细颗粒分布在水泥中，填充了水泥空隙和毛细孔隙，形成了致密势能，能够减少硬化混凝土中有害孔的比例，有效提高混凝土的密实性。这一效应被称为粉煤灰的微集料填充效应。由于粉煤灰在混凝土中的活性填充行为，它通常能够提高混凝土的致密度。在新拌混凝土阶段，粉煤灰分散于水泥颗粒之间，有助于水泥颗粒"解絮"，改善拌合物的和易性，提高其抵抗离析和泌水的能力，从而使混凝土初始结构致密化。在混凝土硬化发展阶段，粉煤灰具有物理填充料的作用。硬化后，粉煤灰发挥活性填充料的作用，改善混凝土中水泥石的孔结构特征。

（4）偏高岭土超细粉作为混凝土的矿物掺合料，能改善混凝土的哪些性能？存在什么缺点？

答：加入偏高岭土超细粉可以提高混凝土的强度等级。在碱性激发条件下，偏高岭土超细粉中的活性 SiO_2 和 Al_2O_3 会迅速与水泥水化生成的 $Ca(OH)_2$ 反应，形成具有一定胶凝性能的水化硅酸钙和水化铝酸钙。同时，还减少了粗骨料周围的 $Ca(OH)_2$ 层，凝胶产物填充于晶体骨架之间，使混凝土的结构更加致密，从而使早期和后期的强度都得到提高。试验研究表明，混凝土中加入偏高岭土超细粉后，增强效果显著，后期强度甚至有可能超过硅灰。偏高岭土超细粉作为一种活性微细掺合料，除了具有火山灰效应外，还具备填充效应。其掺入可使孔隙减小，界面趋于密实，提升水泥石与骨料界面的粘结力。由于偏高岭土超细粉具有较高的比表面积和良好的亲水性，加入混凝土中可改善拌合物的黏聚性和保水性，减少泌水。对于高性能混凝土，适量的偏高岭土超细粉替代水泥能够显著改善混凝土的抗渗性、抗冻性和耐蚀性等耐久性能。由于其对钾、钠和氯离子的吸附作用，还能有效抑制碱-骨料反应。此外，混凝土中掺入偏高岭土超细粉的自收缩和干燥收缩较小，同时具备较好的抗碳化性能，进一步提高了混凝土的耐久性。

（5）混凝土原材料的低碳化还有哪些措施可以考虑？

答：开放性题目，言之有理即可。

第3章　低碳生产技术

（1）混凝土传统生产工艺的基本过程有哪些？

答：混凝土的传统生产工艺，从开采原材料开始，包括石灰石和黏土的采集及破碎过程。随后，原料经过两次精细磨碎和一次高温烧成（两磨一烧），形成水泥熟料。在配料阶段，水泥熟料与骨料（如砂、碎石）、水和掺合料（如粉煤灰、矿渣）按照设计比例混合，形成混凝土浆料。这些浆料被运输到施工现场，通过混凝土搅拌运输车或手工倒入预制模具或直接浇筑到施工位置。浇筑后，进行振捣工作以去除空气泡并确保混凝土的均匀性和密实性。随后的初期养护阶段非常重要，通过喷水、覆盖湿布或使用养护剂，保持混凝土表面湿润，以促进混凝土的早期强度发展和耐久性形成。

（2）在传统生产过程中能耗消耗最大的工艺是什么？

答：在混凝土传统生产过程中，能耗消耗最大的工艺是熟料的烧成过程。熟料是通过将精细研磨后的原料送入回转窑中高温烧成而得到的，这一过程需要大量的能量来使原料在高温（通常达到约 $1450℃$）下分解成熔融状态，然后冷却形成水泥熟料。烧成过程的能耗主要来自燃料的燃烧和窑内高温维持所需的能量。

（3）水泥生命周期中碳排放量的评估，来自六个独立的碳排放来源，分别是什么？如何计算？

答：水泥生命周期中碳排放量的评估，来自六个独立的碳排放来源：原材料的 CO_2（RM_{CO_2}）、能源 CO_2（FD_{CO_2}）、电力 CO_2（ED_{CO_2}）、运输 CO_2（TD_{CO_2}）、混凝土生命周期的 CO_2（LC_{CO_2}）和混凝土碳沉淀（CS_{CO_2}）。

$$RM_{CO_2} = M_{CaO} \times \frac{44}{56} R_{CaCO_3} + M_{MgO} \times \frac{44}{40} \times R_{MgCO_3}$$

式中：M_{CaO} 和 M_{MgO}——熟料中 CaO 和 MgO 的质量；

R_{CaCO_3} 和 R_{MgCO_3}——碳酸钙和碳酸镁中钙和镁的质量。

$$FD_{CO_2} - \frac{P}{29.307} \times EF_{coal} + V_{diesel} \times EF_{diesel} / 1000$$

式中： FD_{CO_2}——燃料中的碳排放量；

      P——熟料系统中消耗的热能，包括回转窑、预热器和分解炉中每吨水泥熟料消耗的热能；

      V_{diesel}——水泥生产过程中机器所使用的柴油量；

EF_{coal} 和 EF_{diesel}——标准煤和柴油的碳排放系数。

$$ED_{CO_2} = \sum M_i \times EI_i \times EF_{electricity}$$

其中： M_i——i过程中生产1t熟料需要原料的质量；

    EI_i——i过程中使用的电力；

$EF_{electricity}$——每消耗1kW·h电排放的CO_2系数。

$$TD_{CO_2} = \sum M_i \times D_i \times FC \times EF_{diesel}$$

式中： FC——运输中消耗的能源（2011年在中国每运输10万t约消耗6.03升的能源）；

    D_i——运输过程中的距离。

混凝土生命周期的CO_2：为了简化计算过程，本教材没有计算其他相关粒料的碳排放量。水可确保混凝土的和易性、水泥水化反应及混凝土的强度发展，并在混凝土生命排放周期中合理地估算水的排放量。因此，在混凝土生命周期中水泥的物料流是水泥浆体的质量。研究发现：在混凝土的拌和、浇筑、拆除过程中产生的CO_2量分别为：0.0004kgCO₂/kg、0.0025kgCO₂/kg、0.000538CO₂/kg。计算混凝土使用寿命期内或填埋后通过碳化作用产生的碳沉淀，瑞典科学家估计原料脱碳产生的50%～57%的CO_2在100年内碳化，也有一些更为乐观的估算文献。本文中在混凝土制备后100年（使用寿命期内或拆除后），每吨熟料可碳沉淀275kg的CO_2。

（4）如何降低混凝土工业的碳排放？

答：为了降低混凝土工业的碳排放，可以采取多种策略。首先，利用掺合料如粉煤灰和矿渣替代部分水泥熟料，减少熟料烧成过程中的碳排放。其次，提升能效，通过优化工艺流程和设备，以及采用高效的电动机和热能回收系统，减少能源消耗。此外，利用碳捕集技术从燃烧过程中捕集二氧化碳，并探索余热回收，有效利用工业过程中产生的热能，降低碳足迹。推广循环经济理念也是关键，增加混凝土的回收利用率，减少新混凝土的需求，有助于减少原材料开采和处理的环境影响，从而推动混凝土工业向更可持续的发展方向迈进。

（5）碳捕集技术的主要方法和意义是什么？

答：混凝土中的碳捕集技术通过几种主要方法来实现，包括后燃烧捕集和预燃烧捕集。在后燃烧捕集中，二氧化碳在混凝土生产过程中从排放源捕集，通常通过吸收剂来实现。预燃烧捕集则涉及在燃料预处理过程中分离二氧化碳和氢气。捕集的二氧化碳可以被用于生产替代水泥的材料如碳化硅，或者合成燃料和化学品。另外，捕集的二氧化碳也可以被储存地下，以防止其释放到大气中，从而减少温室气体的累积。混凝土中的碳捕集技术的意义在于减少混凝土生产过程中的碳排放。混凝土是重要的碳排放来源之一，而采用碳捕集技术可以显著减少这种排放，有助于应对气候变化。此外，这些技术推动了建筑行业向更加可持续的方向转型，符合全球减排目标和环境保护需求。通过应用碳捕集技术，企业不仅能够降低环境成本，还能提升其在市场上的竞争力和可持续发展的形象。最重要的是，这些技术的发展推动了相关领域的技术创新和研发，为工业的绿色化和低碳化进程提供了重要支持和基础。

◆ 第4章　低碳混凝土体系制备与绿色设计

（1）传统混凝土体系的碳排放主要来自哪个环节？有什么措施可以减少混凝土的碳排放？

答：传统混凝土体系的碳排放主要来自水泥的生产过程。措施：1）原材料选择：充分利用废弃物，掺入高效的外加剂和性能稳定的矿物掺和料，减少水泥用量。2）对混凝土的整个寿命周期进行碳排放评估，包括生产、运输、施工、使用和维护等阶段。3）开发新型胶凝材料技术，常见的新型胶凝材料主要包括高活性贝利特硅酸盐水泥（RBPC）、贝利特硫铝酸盐水泥、碳化硅酸钙水泥、碳化氧化镁水泥。4）合理布置混凝土构件，减少水泥用量，在混凝土结构设计中引入高性能混凝土结构构件，通过发挥高性能混凝土的强度优势，减小混凝土构件的截面积和体积，以减少混凝土的用量。5）优化配合比设计，合理确定水泥、骨料、外加剂等材料的比例，确保混凝土的性能满足工程要求，同时降低碳排放。6）二氧化碳捕集技术、碳汇技术、废弃混凝土高效循环利用技术。

（2）辅助胶凝材料如粉煤灰、硅灰和矿渣在低碳混凝土中起到了什么作用？它们对混凝土性能有何影响？

答：在混凝土中掺入辅助胶凝材料可以减少水泥用量、降低碳排放、降低成本、提高经济效益。由于矿物掺合料的粒径比水泥粒径小得多，可以充分填充在水泥中，完善水泥的颗粒机配，大大减小了混凝土的孔隙率，提高了混凝土的耐久性能。它们能改善混凝土的流动性、强度和耐久性，如硅灰的活性比较高，可以显著提高混凝土的强度和抗腐蚀性能，但硅灰在温度较高时也容易使混凝土产生较大的收缩。

（3）碱激发胶凝材料如碱激发矿渣在低碳混凝土中的应用有哪些优势？这些材料对混凝土性能有何影响？

答：在混凝土中掺入辅助胶凝材料可以减少水泥用量，降低碳排放，绿色环保。碱激发矿渣混凝土具有高强度、高耐久性和低水化热等特点。碱激发胶凝材料可以显著提高混凝土的耐久性和抗压、抗渗等性能，同时降低混凝土的热峰值和干燥收缩，显著改善混凝土的性能。

（4）基于外加剂的低碳混凝土制备方法是如何实现低碳目标的？常用的外加剂有哪些？它们如何改善混凝土的性能和降低碳排放？

答：混凝土外加剂的生产本身利用了大量的工业液体、固体废弃物；混凝土外加剂的应用改善了混凝土的流动性，降低了施工能耗；减少了水泥用量，并消耗大量粉煤灰、矿渣粉等工业固体废渣，大幅度降低了混凝土材料的碳排放量。常用的混凝土外加剂包括减水剂、早强剂、缓凝剂、引气剂等。减水剂能减少用水量，提高混凝土强度和工作性能。早强剂加速混凝土早期强度发展，缩短工期。缓凝剂延长混凝土凝结时间，减少大体积混凝土的开裂风险。引气剂在混凝土中引入微小气泡，提高抗冻性和耐久性。减水剂通过减少用水量，降低水泥用量，从而减少 CO_2 排放。与早强剂结合使用，允许用粉煤灰等替代部分水泥，进一步降低碳排放。

（5）在绿色设计中，除了制备低碳混凝土，还有哪些因素需要考虑？例如，可持续材料选择、节能设计等。

答：选择可再生、可回收或生物基材料，减少对环境的影响，废弃混凝土中包含大量砂石骨料和其他粉体材料，合理循环利用这些材料，可以减少天然材料的消耗。实施固体废弃物的分类、回收和再利用。在节能设计方面，通过优化建筑布局、利用自然通风和采光、安装高效节能的供暖、制冷和照明系统，降低建筑能耗。

（6）低碳混凝土体系对建筑行业和环境的影响是什么？它们在可持续发展中的作用和重要性是什么？

答：低碳混凝土体系通过减少水泥用量和利用工业废渣等原料，有效降低了温室气体排放，减少了环境负担，可以提高混凝土的耐久性和稳定性，延长建筑使用寿命，减少维修和重建需求，促进建筑行业的可持续发展。作用和重要性：推动建筑行业向低碳、环保方向转型，响应国家"双碳"目标，节约资源，降低能耗，为全社会节能减排做出贡献，提升建筑质量，增强建筑的安全性和耐久性，低碳混凝土体系是可持续发展中不可或缺的一环。

◆ 第5章　混凝土耐久性与服役寿命

（1）哪些因素会引起混凝土耐久性的下降？

答：氯盐、硫酸盐、冻融、碳化等环境因素和疲劳荷载等服役条件会引起混凝土耐久性的下降。

（2）混凝土结构服役寿命可分为几个阶段？阶段划分的关键是什么？

答：混凝土结构服役寿命可划分为稳定期、衰退期和失效期3个阶段。混凝土结构稳定期是指混凝土结构从建成开始服役至内部钢筋脱钝所需的时间；衰退期是指从钢筋脱钝到混凝土保护层发生开裂所需的时间；失效期是指从保护层开裂到混凝土结构无法承受荷载作用所需的时间。

（3）工程中常用的混凝土结构寿命延长的方法有哪些？作用机理是什么？

答：混凝土结构可用的防腐蚀强化材料可大致分为四类：①混凝土基体抗侵蚀材料，通过密实孔隙、提高混凝土基体水化产物的交联度，以提高混凝土的抗渗性；②在混凝土结构浇筑完成后使用在混凝土表面的表层防护材料，主要用于物理阻隔外界侵蚀介质的侵入，从而提高混凝土在严酷环境下的耐久性；③钢筋阻锈材料，可延缓或阻止钢筋锈蚀的发生；④特种钢筋材料，从钢筋本身出发，提高钢筋的临界锈蚀氯离子浓度或直接从根本上避免锈蚀。四类材料可从不同角度对混凝土结构或构件的耐久性提供帮助，且四类材料可同时应用于严酷环境混凝土结构中，故将其归为四类。

（4）长寿混凝土对我国有什么好处？

答：长寿混凝土可保障工程结构安全服役，从而避免工程结构长期的修复和加固以及重建工作，降低资源耗费和碳排放，助力我国"双碳"事业。

◆ 第6章　混凝土的重生

（1）对废弃混凝土利用处置规定加以说明，并举例分析废弃混凝土固废资源再利用实际案例。

答：废弃混凝土资源的处置原则可以"绿色混凝土、再生混凝土"等为关键词开展内容调研，相关国家、行业标准均可以作为参考，进行内容理解，实际案例分析可参考当前国内外文献科研进展，或以各大媒体报道为准，重点表达对于废弃混凝土资源利用意义价值的思考。

（2）查阅文献资料，了解其他国家再生骨料制备工艺与设备，并与我国再生骨料制备工艺（可补充）进行比较，列举说明各工艺特点与优缺点。

答：通过文献调研了解再生骨料制备工艺与各国的制备流程与设备，侧重了解重要环节的目的与实现方式，对比国内外破碎设备的差异性与再生骨料制备环节的特点，鼓励引申思考制备工艺的差异，对生产的再生骨料性能有何影响。

（3）学习书中知识并查阅资料，简述天然骨料与再生骨料性能对比后的各自特点，并据此阐明你认为的当前再生骨料应用前景。

答：可依照再生骨料的生产特性与当前国内外对再生骨料的分类标准，考虑对其性能特点进行分析说明，与天然骨料展开对比，分析过程应侧重于骨料的工程性能，分析其应用效果的差异。对于再生骨料的应用前景分析应当注重个人理解，分析过程须具有逻辑性与系统性，重点突出自身的理解认知，体现综合性。

（4）根据书中内容及相关标准，尝试设计强度等级为C25，C35，C45再生骨料-石粉-混凝土各原材料的配合比。

答：设计再生骨料-石粉-混凝土的配合比需要遵循以下步骤：确定混凝土配制强度，根据混凝土的预期应用确定混凝土的强度等级，本例中为C25，C35，C45。计算基本材料用量，使用式（6-4-1）计算初步的基本材料用量，包括水泥、矿物掺合料和水的用量。确定水胶比，根据强度等级和混凝土类型选择合适的水胶比。计算胶凝材料的28d胶砂强度，并使用公式计算混凝土配制强度，考虑混凝土立方体强度的标准值和标准差。计算基准配合比，根据《再生混凝土应用技术标准》DG/TJ 08—2018—2020调整净用水量，增加5%或10kg/m³。考虑再生骨料的吸水性，计算附加水，根据再生粗骨料的吸水率和含水率调整单位用水量。试验配合比设计，结合实际的再生骨料特性，调整配合比以满足试验要求。根据试验结果和经济性评估，对配合比进行微调，确保最终配合比既满足性能要求又经济合理。

（5）概括再生骨料、石粉掺量对再生骨料-石粉-混凝土各项性能的影响。

答：再生骨料和石粉的掺量对混凝土性能有显著影响。石粉含量增加会降低混凝土的坍落度，但会提高黏聚性，改善拌合物的保水性。力学性能方面，再生骨料-石粉混凝土的抗压强度和抗拉强度随石粉掺量增加先升高后降低，存在最优掺量点。再生骨料取代率对混凝土抗压强度呈现先降低后升高的趋势，而抗拉强度则逐渐降低。流变性上，再生骨料的高吸水率加速了混凝土浆体的坍落度和扩展度损失，增加了屈服应力，降低了塑性黏度。耐久性方面，抗冻性能随再生骨料掺量增加先升高后降低，而抗氯离子渗透性则因再生骨料的微裂缝和孔隙率增加而降低，但整形后可提升。再生骨料的吸水率高和压碎值高，以及与砂浆的界面结合力弱是其缺点，但可通过技术手段进行改善，提升混凝土性能。

（6）简述再生骨料目前在我国的应用情况。

答：再生骨料在我国的应用正逐步发展，尽管起步较晚，但随着市场经济发展和对原材料需求的增加，其应用范围正在扩大。目前，再生骨料主要用于制造新型混凝土，部分或全部替代天然骨料，同时在公路建设中作为路基填料使用。此外，再生骨料还被用于生产再生蒸压砖、砌块、透水砖和路缘石等建筑材料。虽然再生骨料的物理性能存在波动，影响混凝土的均匀性和稳定性，但通过技术创新和政策支持，其应用效果正在提升。目前，部分一线城市已开始有效应用再生混凝土，推广提高建筑垃圾的利用率。然而，再生骨料的应用仍面临技术不成熟、标准滞后等问题，需要进一步改进和完善。未来，高值化应用，如超高性能混凝土和工艺品级制品将是再生骨料发展的主要方向。

◆ 第7章　绿色低碳混凝土"数字化"

（1）根据全球先进数字化混凝土的经验，发展我国的混凝土数字化技术，并成功大规模应用于实践还需要完善哪些内容？

答：根据全球先进数字化混凝土的经验，发展我国混凝土数字化技术并成功大规模应用于实践，需要完善以下几个方面：

1）数字化转型与创新技术的应用：数字化技术的深层应用是新质生产力的关键驱动力，可以推动混凝土产业向高质量、高效率、可持续方向发展。例如，利用智能化生产线、物联网技术、大数据分析等技术手段，可以实时收集设备运行数据、生产数据以及客户需求数据，确保信息的准确性和及时性，从而实现生产过程的精确控制、资源的创新配置。

2）智能化控制与自动化生产：采用自动化控制系统，实现生产线的自动化运行。通过智能过磅、物流安全管理等设备，工厂实现操作自动化，减少人工操作，降低人工成本，同时提高了生产效率和安全性。

3）数据驱动与市场响应：通过数据分析和市场预测，及时调整产品结构和生产策略，以满足市场需求，帮助混凝土企业提升市场竞争力。例如，重庆建工建材物流有限公司通过数字化平台，实现生产过程智能化控制，大幅提高运输与泵送效率和产能利用率。

4）环保与可持续发展：随着国家对于绿色发展和可持续发展的重视程度不断提高，混凝土行业在数字化转型过程中应更加注重环保和可持续发展。例如，利用大数据分析技术优化生产流程，降低能耗，通过光伏发电、新能源车辆及设备的引入，降低运营过程中的碳排放，提高企业的环保水平。

5）结构工程方法的创新：针对数字化制造技术（DFC）生产的混凝土结构元素或土木/建筑结构，需要开发适应其特定特性的通用结构工程方法。这包括优化结构、功能性能、材料使用、总体成本和建筑有效性。

综上所述，发展我国混凝土数字化技术并成功大规模应用于实践，需要综合技术创新、智能化控制、数据驱动决策、环保可持续发展和结构工程方法创新等多方面进行完善。

（2）大型混凝土集团预拌混凝土产业需要适应时代发展，积极探索利用大数据、人工智能、物联网等先进的数字化技术进行企业的生产和管理运营模式的转型升级，在今后的数字化运营建设中，还能从哪几个方面进行探索？

答：1）应用5G、物联网、人工智能等技术改造混凝土生产和检测系统，实现混凝土搅拌站的自动化无人化生产，全面提高搅拌站的生产效率和科学管控水平。2）采用AI图像识别、大数据分析等数字化技术对搅拌站设备运行状态、原材料和产品质量、人员安全状态、环境指标等进行全方位的监控与分析，提升混凝土场站安全、绿色、环保的生产水平。3）全面整合大型混凝土集团各混凝土生产站点生产、设备、库存、运输、供应链、客户等数据，利用大数据、人工智能分析整合，为集团层级市场开拓、高效运营、科学决策提供数据支撑，为混凝土产业可持续健康发展夯实基础。

（3）简述数字经济下混凝土行业未来发展的趋势和绿色低碳混凝土的发展方向。

在数字经济浪潮下，混凝土行业正迈向智能化、数字化与绿色低碳的未来。智能化生产线利用物联网、大数据等技术，实现精准控制与资源优化，提升生产效率与产品质量，同时降低能耗与成本。数字化管理贯穿生产、供应链、设计与施工全周期，推动行业高质量发展。消费者需求个性化与定制化趋势增强，企业通过数据分析调整策略，满足市场多样化需求。

绿色低碳混凝土成为行业重要发展方向，响应国家"双碳"目标。技术创新与数字化应用是关键，通过物联网、大数据等技术优化生产流程，减少碳排放。智慧混凝土厂建设与智能调度系统推广，提升生产智能化水平。同时，绿色材料研发加速，工业固废再利用与新型绿色混凝土材料不断涌现，减少对天然资源依赖。全生命周期绿色化是绿色低碳混凝土发展的核心，建立碳排放计算模型，明确各环节排放量，为减排提供数据支撑。

（4）简述学生在绿色低碳混凝土发展中所承担的角色与责任。

在绿色低碳混凝土的发展中，学生作为未来的建设者与引领者，扮演着多重关键角色。他们可以作为创新的探索者，积极研发新型混凝土材料与技术，在减碳和资源高效利用上取得突破。同时，他们可以作为可持续发展的倡导者，将绿色低碳理念融入日常，提升公众认知，并积极参与制定相关政策法规与行业标准。此外，学生还可以是数字经济的融合者，将前沿技术如大数据、云计算等融入绿色低碳混凝土的研发、生产与管理，实现智能化、精准化转型。学生们更应将数字经济与绿色低碳理念融入自身的职业发展，通过跨学科学习，将专业知识与数字经济技能结合，为行业注入新活力。通过实习、科研与社会实践，积累实战经验，为职业发展奠定坚实基础。保持持续学习与终身学习的态度，保持竞争力，为绿色低碳混凝土领域的可持续发展贡献力量。

（5）结合教材内容及自身调研理解，试分析我国当前数字化混凝土应用的挑战。

答：可从多个方面展开内容分析，为开放性回答，内容分析逻辑表达清晰，侧重数字混凝土当前的不同应用场景实现针对性的回答内容即可。

示例：以混凝土体系的智能设计为例分析，尽管这一技术具有显著的潜力，能够通过优化配合比、提升性能和实现实时监测来提高混凝土工程的质量和效率，但在实际应用中仍然存在许多障碍需要克服。

数据管理和分析能力不足是一个显著挑战。智能设计依赖于高质量的历史数据和试验数据，通过大数据分析和机器学习算法优化混凝土配合比。然而，企业在数据收集、存储和管理方面常常存在不足，现场施工数据可能因设备故障或操作失误而缺失，内部数据格式和标准不统一也导致数据整合困难，同时不同的项目工程在实际完成中会存有明显的差异性与功能需求特点，这对于混凝土智能设计所依赖的数据要求更为严苛。此外，传统的数据处理手段无法满足实时分析的需求，在大型建筑项目中，每天数10GB的传感器数据需要快速处理和分析，以便及时调整配合比和施工参数，但现有系统性能有限，难以实现快速响应，影响工程质量和进度。

技术整合和系统互操作性差也是智能设计中的主要挑战。智能设计需要整合人工智能、大数据分析、物联网和建筑信息模型等多种技术，不同系统之间的互操作性差，导致数据共享和协同工作困难。在大型基础设施项目中，通常使用多种技术系统进行协同分析，如常见的BIM系统用于三维建模，IoT传感器用于实时监测，AI算法用于数据分析，但这些系统往往具备不同的技术标准，增加了数据传输和集成的复杂性。不同技术和系统需要无缝协作以确保设计方案的优化和高效实施，如果这些系统无法实现无缝协作，将导致数据传输延迟和决策失误，影响工程质量和效率。